农学春秋

农学历史与农业科技

肖东发 主编　李姗姗 编著

中国出版集团
现代出版社

图书在版编目（CIP）数据

农学春秋 / 李姗姗编著. — 北京：现代出版社，2014.10（2019.1重印）

（中华精神家园书系）

ISBN 978-7-5143-2992-6

Ⅰ. ①农… Ⅱ. ①李… Ⅲ. ①农业史－中国－古代 Ⅳ. ①S-092.2

中国版本图书馆CIP数据核字(2014)第236390号

农学春秋：农学历史与农业科技

主　　编：	肖东发
作　　者：	李姗姗
责任编辑：	王敬一
出版发行：	现代出版社
通信地址：	北京市定安门外安华里504号
邮政编码：	100011
电　　话：	010-64267325　64245264（传真）
网　　址：	www.1980xd.com
电子邮箱：	xiandai@cnpitc.com.cn
印　　刷：	北京密兴印刷有限公司
开　　本：	710mm×1000mm　1/16
印　　张：	11
版　　次：	2015年4月第1版　2019年1月第2次印刷
书　　号：	ISBN 978-7-5143-2992-6
定　　价：	40.00元

版权所有，翻印必究；未经许可，不得转载

党的十八大报告指出："文化是民族的血脉，是人民的精神家园。全面建成小康社会，实现中华民族伟大复兴，必须推动社会主义文化大发展大繁荣，兴起社会主义文化建设新高潮，提高国家文化软实力，发挥文化引领风尚、教育人民、服务社会、推动发展的作用。"

我国经过改革开放的历程，推进了民族振兴、国家富强、人民幸福的中国梦，推进了伟大复兴的历史进程。文化是立国之根，实现中国梦也是我国文化实现伟大复兴的过程，并最终体现为文化的发展繁荣。习近平指出，博大精深的中国优秀传统文化是我们在世界文化激荡中站稳脚跟的根基。中华文化源远流长，积淀着中华民族最深层的精神追求，代表着中华民族独特的精神标识，为中华民族生生不息、发展壮大提供了丰厚滋养。我们要认识中华文化的独特创造、价值理念、鲜明特色，增强文化自信和价值自信。

如今，我们正处在改革开放攻坚和经济发展的转型时期，面对世界各国形形色色的文化现象，面对各种眼花缭乱的现代传媒，我们要坚持文化自信，古为今用、洋为中用、推陈出新，有鉴别地加以对待，有扬弃地予以继承，传承和升华中华优秀传统文化，发展中国特色社会主义文化，增强国家文化软实力。

浩浩历史长河，熊熊文明薪火，中华文化源远流长，滚滚黄河、滔滔长江，是最直接的源头，这两大文化浪涛经过千百年冲刷洗礼和不断交流、融合以及沉淀，最终形成了求同存异、兼收并蓄的辉煌灿烂的中华文明，也是世界上唯一绵延不绝而从没中断的古老文化，并始终充满了生机与活力。

中华文化曾是东方文化摇篮，也是推动世界文明不断前行的动力之一。早在500年前，中华文化的四大发明催生了欧洲文艺复兴运动和地理大发现。中国四大发明先后传到西方，对于促进西方工业社会的形成和发展，曾起到了重要作用。

中华文化的力量，已经深深熔铸到我们的生命力、创造力和凝聚力中，是我们民族的基因。中华民族的精神，也已深深植根于绵延数千年的优秀文化传统之中，是我们的精神家园。

总之，中华文化博大精深，是中国各族人民五千年来创造、传承下来的物质文明和精神文明的总和，其内容包罗万象，浩若星汉，具有很强的文化纵深，蕴含丰富宝藏。我们要实现中华文化伟大复兴，首先要站在传统文化前沿，薪火相传，一脉相承，弘扬和发展五千年来优秀的、光明的、先进的、科学的、文明的和自豪的文化现象，融合古今中外一切文化精华，构建具有中国特色的现代民族文化，向世界和未来展示中华民族的文化力量、文化价值、文化形态与文化风采。

为此，在有关专家指导下，我们收集整理了大量古今资料和最新研究成果，特别编撰了本套大型书系。主要包括独具特色的语言文字、浩如烟海的文化典籍、名扬世界的科技工艺、异彩纷呈的文学艺术、充满智慧的中国哲学、完备而深刻的伦理道德、古风古韵的建筑遗存、深具内涵的自然名胜、悠久传承的历史文明，还有各具特色又相互交融的地域文化和民族文化等，充分显示了中华民族的厚重文化底蕴和强大民族凝聚力，具有极强的系统性、广博性和规模性。

本套书系的特点是全景展现，纵横捭阖，内容采取讲故事的方式进行叙述，语言通俗，明白晓畅，图文并茂，形象直观，古风古韵，格调高雅，具有很强的可读性、欣赏性、知识性和延伸性，能够让广大读者全面接触和感受中国文化的丰富内涵，增强中华儿女民族自尊心和文化自豪感，并能很好继承和弘扬中国文化，创造未来中国特色的先进民族文化。

2014年4月18日

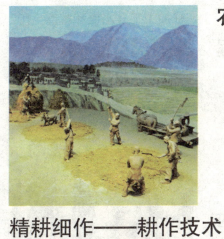

农业新空——作物种植

古代重要的粮食作物稻 002

历史悠久的经济作物麻 008

古老的粮食品种之一大麦 017

小麦的种植与田间管理 022

在古代占重要地位的大豆 030

古代的蔬菜及其栽培技术 037

精耕细作——耕作技术

046 最早的土壤改良技术

054 古代肥料积制与施用

062 古代北方旱地耕作技术

068 古代南方水田耕作技术

073 先民们对农时的把握

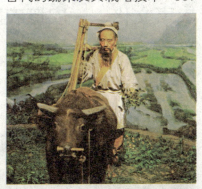

农家帮手——农具发明

古代农具发展与演变　084

汉唐以来创制的耕犁　090

灌溉的机械龙骨水车　096

粮加工工具水碓和水磨　102

溉田造地——农业工程

108　辉煌的古代农田水利工程

117　特色鲜明的坎儿井工程

123　改造山地的杰作古梯田

131　古代对土地利用方式

农事文化——农谚农时

140　古代农业的谚语文化

148　古代天气的谚语文化

155　二十四节气与农事活动

农业新空 作物种植

我国农作物的种植,始于新石器时期,当时已有粟、黍、小麦、水稻等粮食作物,麻、苎、葛等纤维作物等。

经过几千年的发展变化,终于形成了粮食以稻麦为主,油料以大豆等为主,蔬菜以多品种为主的古代本土农作物种植布局,这是我们今日作物布局的历史依据。

在农作物种植过程中,我国先民创造了丰富的栽培技术,推动了古代农业的发展。同时,南北方自古就已分别形成了"种稻饭稻"和"种粟饭粟"的农耕饮食文化。

古代重要的粮食作物稻

■《五谷图》中的水稻

稻是我国古代最重要的粮食作物之一。

我国是亚洲稻的原产地之一,其驯化和栽培的历史,至少已有7000年。

我国古代在稻的栽培技术方面有很多经验,如火耕水耨、轮作和套种等,成为世界栽培水稻的起源中心,并且推广至东亚近邻国家。

此外,先民对稻资源的利用处于世界先进行列。

在广西壮族自治区流传着许多关于稻作文明的民间传说故事。比如，水稻的品种开始的时候是像柚子那么大的，水涨以后，把它淹没了，稻神山阿婆把水稻种子拿回来，经过改良，种子才变得小颗，才是现在这个样子。

还有一种说法是，水稻一年割了好几次，人们太辛苦了，所以稻神就把它变成了只是一年两熟或者一年一熟。

■ 碳化稻米

这样的神话和传说故事，说明这里保留着远古的信息，都指向了稻作文明的发源。

水稻是我国的本土农作物。我国已发掘的新石器时期稻作遗存，分布广泛。其中最早的是湖南澧县彭头山遗址发掘的水稻遗存，属新石器时期早期文化，具体年代尚未确定。

其后是浙江罗家角的稻作遗存，距今已有7000多年，籼稻和粳稻并存。浙江余姚河姆渡遗址出土的大量碳化稻谷和农作工具，尤为引人注目。它们都是世界上最早的稻谷遗存之一。

黄河流域也发现了不少距今已有四五千年新石器时期的水稻遗存，如河南渑池仰韶文化遗址、河南淅川黄楝树村和山东栖霞杨家园遗址，充分说明黄河流域稻作栽培的历史也很悠久。

从史籍记载上看，"稻"字，最初见于金文。《诗经》中涉及稻的诗句不少，如"十月获稻""浸

河姆渡遗址 是我国南方早期新石器时代遗址，位于距宁波市区约20千米的余姚市河姆渡镇，面积约4万平方米，1973年开始发掘，是我国目前已发现的最早的新石器时期文化遗址之一。是中华民族文化的发祥地之一。

■ 古代耕种水稻场景

野生稻 普通野生稻是栽培稻的近缘祖先。普通野生稻经过长年的进化，成为现代的栽培稻。我国的野生稻资源分布十分广泛。南起海南省三亚市，北至江西省东乡县，东起台湾省，西至云南省盈江县都发现过野生稻。如此丰富且分布广泛的野生稻资源为世界所瞩目。

彼稻田"等，说明早在3000多年以前的商周时期，已经有不少稻的明确记载。

战国时的《礼记·内则》中有"陆稻"，《管子·地员》中亦有"陵稻"，二者都是旱稻。《礼记·月令》中还有"秫稻"的名称，是糯稻。

野生稻在我国境内也有广泛分布，这在很早以前的古籍中就有记载。战国时的《山海经·海内经》记载了南方的野生稻。

后来查明普通野生稻是栽培稻的祖先，其在广东、广西、云南、台湾等省区都有分布。

夏商至秦汉在新石器时期，稻在南北均有种植，主要产区在南方。自夏商至秦汉期间，除南方种植更为普遍外，在北方也有一定的发展。并且，当时包括今广东、广西大部地区在内已有双季稻出现。

三国至隋唐期间，北方种稻继续发展。唐代时在黄河流域不少地方都种稻，同时在西北及东北地区也有初步发展。在西部的广大地区种稻也有相当规模。南方也有较多的发展。

宋元至明清时期，稻在南北方均有发展。宋太宗曾命何承矩为制置河北沿边屯田使，在今河北的雄、莫、霸等州筑堤堰工程，引水种稻。在今高阳以东至海长的大范围内全辟为稻田，后又扩大到河北南部和河南南阳等地区。

元代王祯《农书》记载，在包括后来的陕西省、河南省部分地区在内的"汉沔淮颖上率多创开荒地"，且"所撒稻种"之"所收常倍于熟田"。

《农桑辑要》还强调指出只要"涂泥所在"之处，"稻即可种"，而"不必拘以荆扬"等地。

明清时期，在北方也开辟了不少稻田，清代还在应变畿地区设京东、京西等4局，大量辟田种稻，并在西北及山西等地扩大稻区。清代时新疆西藏也发展了种稻。

在南方，宋代时广西、海南岛多种稻，明清时在鄂、湘、赣、皖、苏、浙分布有双季连作稻。在浙、赣、湘、闽、川等地分布有双季间作稻，两广则多双季混作稻。在广东、广西南部的一些地方还出现了三季稻。明清时期水稻栽培几乎已遍及全国各地。

> **双季稻** 是指在同一块稻田里，一年中种植和收获两季水稻的一种稻作制度。并按其栽培方式不同，又可分为双季连作稻、间作稻和混作稻等。双季稻在我国具有悠久的种植历史。双季稻的出现对充分利用自然资源和劳力资源，增加粮食产量起了十分重要的作用。

■ 宋代稻谷

古代在稻的栽培技术方面也有很多经验，最突出的有火耕水耨、轮作和套种、育秧技术、施肥技术、灌溉和烤田。

火耕水耨是古代的一种耕种方法，即烧去杂草，灌水种稻。

在稻田轮作方面，我国至迟在9世纪以前已出现了稻麦轮作，宋代更为迅速发展。据记载，宋太宗时曾在江南、两浙、荆湖、岭南、福建等地推广种麦，促进了稻麦二熟制的发展。

南宋时因北方人大量南迁，需麦量激增。政府以稻田种麦不收租的政策，鼓励种麦，故稻麦轮作更为普遍。

明清时期发展更快，如稻后种豆，收豆种麦、双季稻后种麦或豆或蔬菜、双季稻后种甘薯或萝卜、双季甘薯后种稻等三熟轮作制已相继出现。有些三熟制形式还由两广、福建逐渐向长江流域推进。

水稻育秧移栽技术，始见于汉代文献。《四民月令》五月条说："是月也，可别稻及蓝，尽至后二十日止。""别稻"就是移栽，"至"就是夏至。

关于水稻施肥技术，古代基肥称为"垫底"，追肥叫作"接力"。明清时期对基肥和追肥的关系已有深刻的认识，重施基肥使苗易长，多分蘖，并能抗涝抗旱，积累了单季晚稻很好的施肥经验。

烤田是古代非常重视的问题，早在《齐民要术》中就指出"薅讫，决去水曝根令坚"。明代《菽园杂记》和清代《梭山农谱》等还指出冷水田要进行重烤。重烤冷水田，可促进稻苗生育。

出土的汉代稻种

我国是世界上水稻品种资源最丰富的国家。到了清代,《古今图书集成》收载了16个省的水稻品种3400多个。后来保存有水稻品种资源约3万多份,它们是长期以来人们种植、选择的结果。

其中有适于酿酒的糯稻品种,特殊香味的香稻品种,特殊营养价值的紫糯和黑糯,特别适宜煮粥的品种,适于深水栽培不怕水淹的品种,茎秆强硬不易倒伏的品种。

糯米在古代除作为主食、酿酒以外,还是重要的建筑原料,古人用糯米和石灰等筑城墙。此外,历代一些本草书中,还常据糯、粳、籼的食性寒热不同,以之入药,治疗某些疾病或调理脾胃功能。

水稻

阅读链接

"稻神祭"是广西壮族自治区隆安每年农历五月十三传统习俗,传承了几千年。

整个活动分为求雨、祭农具、招稻魂、驱田鬼、请稻神、稻神巡游6项内容。

稻神巡游赐福于民活动,是稻神祭一项重要的活动内容,也是民众最为期盼的一种祈福仪式。为求得稻神的赐福,在巡游当中,各家各户都在自家门前焚香点炮,恭迎稻神到来,场面热烈非凡。

稻神祭是古代先民在长期的农耕生产中,创造出来的稻作文化,是壮族先民勤劳与智慧的体现。

历史悠久的经济作物麻

麻是古代麻类作物的总称。麻是我国原产农作物，栽培历史至少已有5000年。

麻在古时种植范围很广，呈现出从北方向南方发展的趋势。并在长期的推广和生产实践中总结出了适宜南北方的栽培技术。

在我国古代，麻是最早用于织物的天然纤维，有"国纺源头，万年衣祖"的美誉。

■ 古代的麻布衣

在小兴安岭西坡南麓，有座不太高的桃山，这一带流传着关于麻丫头的传说。

从前，山里住着一个穷人叫王富，他父母早亡，地主黑心狼逼他顶了父债，每天催他上山砍柴，回来做零活，王富天天总是累得筋疲力尽。

麻线

一天，王富上山砍了一些柴，蓦然，在他面前出现了一位秀美的姑娘。仔细端详，发现脸上有几个浅白麻子，倒显得格外俊俏。

姑娘手中提个篮子，飘飘然来到王富跟前，从篮里拿出两个馒头给王富，让他吃，然后拿起斧头就去砍柴。

王富吃完馒头，姑娘已经砍了一大堆柴。王富正想上前说声谢谢，姑娘向他嫣然一笑，拎起篮子向山上走去，转眼不见了。

从此，王富天天上山都能见到她，她天天帮助他砍柴，王富心里总是乐滋滋的。从此，人们再也看不到王富那种愁容疲惫的样子了。

后来，地主黑心狼知道了这件事，就假惺惺地说："她一定是个妖精。"并告诉王富，"你明天再上山带一团红线，纫上针，待砍完柴，有意靠近她，把针别在她身上，我顺线可以找到她，然后让她给你做媳妇。"

黑心狼还威逼他说，如果不照做，就让他做一辈子苦工。

第二天，王富极不自愿地照着做了。当天晚上，王富忽然听到磨房里传来一阵女人的哭声。他走近磨房，但门上着锁。他从窗缝往里一看，惊呆了，这正是他要找的那位麻丫头。

麻丫头轻声说："王富哥，快来救我呀！"

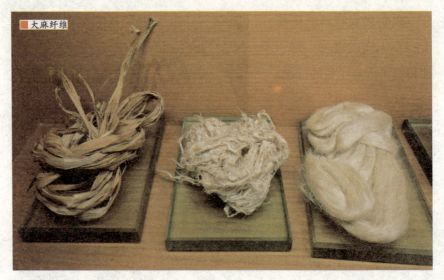

大麻纤维

王富用斧头把锁砸开,闯进磨房给麻丫头松了绑。

麻丫头说:"我身后有一条红线,黑心狼就是顺着这条线把我抓住的。现在快帮我把红线拿下来。"

王富痛悔万分,摘掉线后,两人一起向村外的远山方向跑去。他俩刚跑出村口,黑心狼就领着家丁赶来了。

王富惊恐万分,麻丫头掏出用麻线编织的一块手帕,并让他站在手帕上面,然后用手一拂,手帕变成了一朵白云,二人便腾空而起,飞向了远山。

后来,桃山一带长满了麻,当地的人们就用它来搓绳,妇女们用来纳鞋底,男人们用来做农具上用的绳子。麻成为人们生活、生产中的重要物资。

麻做绳是它的主要用途。麻起源于我国,从考古发现和文字记载上看,我国麻栽培已有悠久历史。

先秦时期,麻主要分布在黄河中下游地区。秦汉至隋唐时期,麻种植有很大发展,已经呈现从北向南发展的趋势。

宋元时期麻在黄河流域仍很普遍,但在南方却明显缩减。明清时期,麻生产曾有一些发展,南方苏、浙、皖、赣、川等不少地方还保留着较多的麻生产。

在古代,随着麻种植面积的推广,其栽培技术也得到了相应的发展。较突出的栽培技术有轮作、间作、套种,浸种催芽和冬播,多次追肥,提高灌溉水温等。此外,在对麻的利用方面,也形成了一套成熟的经验。

在麻的轮作和间作套种方面,早在《齐民要术》中就指出,麻不宜连作而宜轮作,如连作会发生病害而影响纤维质量。当时麻有和谷子、小麦、豆类等轮作的习惯,还认为麻是谷子的较好前茬。

明末清初农书《补农书》谈到浙江嘉兴麻与水稻、豆类和蔬菜轮作情况时说道:

> 春种麻,麻熟,大暑倒地,及秋下萝卜。萝卜成,大寒复倒地,以待种麻,两次收利。

《补农书》又叫《沈氏农书》,明崇祯末年浙江的沈氏所撰。内容涉及农家月令,重要农事、工具和用品置备,记载水稻和桑树栽培,还包括丝织和六畜饲养,讲述农副产品的加工和贮藏知识。

■ 罗布麻线

■ 古代耕种图

麻的间、套、混种的历史很早。《齐民要术》中就记载了不少经验：一是在麻田内套种芜菁，一是在种谷楮时与麻混播，目的是"秋冬仍留麻勿刈，为楮作暖"，即起防寒作用。该书反对在大豆地内间种麻，以免导致"两损"而"收并薄"。

关于麻的浸种催芽，《齐民要术》中总结了以雨水浸种比用井水出芽快，水量过多不易出芽的经验。这是大田作物浸种催芽方法的最早记载。并指出，如土壤含水量多时可浸种催芽后播种；如土壤水分少时则只浸种不催芽即行播种。

麻一般为春播和夏播，可是古代还利用麻耐寒的特性，实行冬播。如元代《农桑衣食撮要》就指出"十二月种麻"，并说"腊月初八亦得"。这是麻生产上的重要创造，直到后来仍在生产中应用。

在麻追肥方面，汉代以前一般不施追肥。《氾胜

《农桑衣食撮要》 元代杰出的维吾尔族农学家鲁明善著。本书不仅总结了汉族劳动人民的生产经验加以传播，同时也把西北地区兄弟民族的生产经验进行总结加以传播，为祖国的农学书籍增添了新的内容。

之书》首次提到：

> 种麻，树高一尺，以蚕矢粪之，树三升。无蚕矢，以溷中熟粪粪之亦善，树一升。

这是我国有关麻施用追肥的最早记载。

陈旉《农书》提出要"间旬一粪"，即隔10天就要追肥一次。其他如《农桑衣食撮要》《三农纪》等都主张多次追肥，且要以蚕粪、熟粪、麻籽饼等和草木灰配合使用，这和今天麻追肥以氮肥为主，辅以钾肥的原则是一致的。

关于麻的灌溉，《氾胜之书》提出：

> 天旱以流水浇之，树五升。无流水，曝井水，杀其寒气以浇之。

陈旉塑像

这是因为井水温度低，须经曝晒提高水温后才能使用。

早在《尚书》《诗经》《周礼》《尔雅》等古籍中就有专指雄麻和雌麻的字。也有称雄麻为"牡麻"，称雌麻为"苴麻"的。《氾胜之书》还指出要在雄麻散发花粉后才能收割。

《齐民要术》进一步指出"既放勃，拔去雄"，如"若未放勃，去雄者，则不成子实"。所谓"放

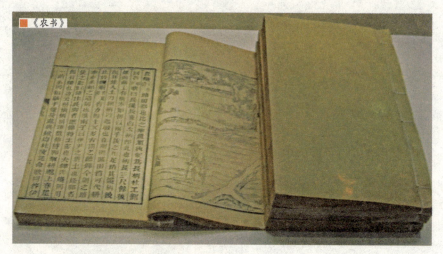

《农书》

勃",就是指雄株麻开花时散发的花粉。

在雄株"放勃",雌株受粉后,拔除雄株可利用其麻皮,并有利于雌株的生长和种子的发育成熟。如果在"放勃"前拔去雄株,雌株就不能结实。

《齐民要术》还指出,雄株未"放勃"前即收,因未长足,会影响纤维质量,如"放勃"后不及时收获,麻老后,皮部会累积很多有色物质而降低品质。

这种对植物雌雄异株的认识及其在生产上的应用,是世界生物史上的一项突出贡献。

我国的沤麻技术有悠久的历史和丰富的经验。《氾胜之书》《齐民要术》、王祯《农书》等介绍了沤麻所宜的季节、水温、水质、水量等经验。同时认为在沤麻过程中如何掌握好发酵程度是极为重要的关键。

《齐民要术》提出"生则难剥,大烂则不任",要沤得不生和不过熟才行,否则会影响纤维质量。

清代《三农纪》中详细介绍了当时老农沤麻的好经验,将麻排放入沤池后:

至次日对时,必池水起泡一两颗,须不时点检。待水泡花叠,当于中抽一茎,从头至尾捋之,皮与秆离,则是时矣。若是不离,又少待其时,缓久必泡散花收而麻腐烂,不可剥用。

　　得其时,急起岸所,束竖场垣。逢暴雨则麻莹,晒干,移入,安收停,剥其麻片⋯⋯老农云:吃了一杯茶,误了一池麻。

　　这种视水泡多少来判断发酵程度的方法相当可靠,当水泡已起花而重叠满布时,表明麻已发酵,可试剥检查,如皮和秆容易剥离,说明麻已沤好,要立即起池。

　　否则,如至泡散花收时,则已沤过了头,会导致麻皮腐烂而不能用。起池后要成束竖立,遇雨时不致受淹而使麻皮变黑或腐烂,至晴天再剥皮。

　　"逢暴雨则麻莹"也有道理,因暴雨一般时间不长,因麻捆竖

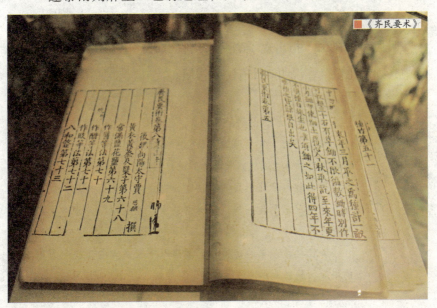

《齐民要术》

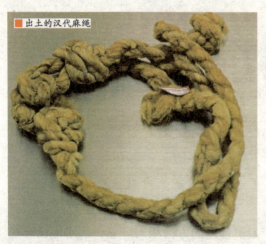

■ 出土的汉代麻绳

立、雨势急等于进行一次冲洗，可除去污物和杂质，故可使纤维洁白精莹而提高质量。

古代对麻的利用是多方面的，首先是利用其纤维织布，也用来制毯被、雨衣、牛衣和麻鞋等。

麻籽则曾作为粮食食用。先秦文献有不少将麻籽列为五谷之一的记载。麻籽供食用到宋以后已少见，明代宋应星《天工开物》曾对此表示怀疑。明代《救荒本草》还将麻籽的嫩叶作为救荒食物。

麻籽饼是古代重要的饼肥之一。麻籽还是很好的饲料。《农政全书》指出用来饲猪，可"立肥"，饲鸡可"日常生卵不抱"。

麻籽及花还是药材，这在《神农本草经》《本草纲目》等本草书中均有记载。最突出的是从汉代开始就用麻纤维作造纸原料。

明代《种树书》指出麦子晒后乘热收贮时"用苍耳叶或麻叶碎杂其中，则免化蛾"，说明麻叶有防蛀作用。

阅读链接

古代民间做大麻饼历史悠久，北宋时期就有"金钱饼"。

元末明初，朱元璋的将领张得胜是合肥人。有一次，朱元璋派张得胜率水军攻打长江边的港口裕溪口。

张得胜为了让士兵们吃得饱，吃得好，更好地投入战斗，吩咐家乡父老制作一种以糖为馅的大"金钱饼"。家乡子弟兵吃着家乡的特产点心，精神振奋，一鼓作气攻下裕溪口。

胜仗之后，朱元璋得知水军当时吃家乡点心，战斗力倍增的事后，高兴地称这种麻饼为"得胜饼"。

古老的粮食品种之一大麦

大麦属禾本科植物,是一种主要的粮食和饲料作物,是我国古老粮种之一,至今已有5000年的种植历史。

大麦现多产于淮河流域及其以北地区。它的栽培技术和小麦的栽培技术基本相同。

我国先民很早就对大麦的分布及植物形态、生育期等已有明确的认识。

■《五谷图》中的大麦

■ 大麦种子

甲骨文 又称"契文""甲骨卜辞"或"龟甲兽骨文",主要指商朝晚期,王室用于占卜记事而在龟甲或兽骨上契刻的文字。是我国已知最早的成体系的文字形式。甲骨文的发现,促进了各国学者对我国上古史和古文字学等领域的深入研究,并开创了一门甲骨学。

在古代,先民们很早就已经开始栽培大麦了,因而在先民的食物链中占有重要地位。

大麦在我国栽培历史悠久。从文字记载上看,商代甲骨文中即有"麦"字,可能包括小麦和大麦。《诗经》中常常"来、牟"并称,如"贻我来牟""于皇来牟"等,"来"指小麦,"牟"指大麦。

古代称大麦为麰。《孟子·告子上》说道:

今夫麰麦,播种而耰之,其地同,树之时又同,浡然而生,至于日至之时,皆熟矣。虽有不同,则地有肥硗,雨露之养、人事之不齐也。

引文中的"麰麦"就是大麦。这段话的意思是说，以大麦而论，播种后用土把种子覆盖好，同样的土地，同样的播种时间，它们蓬勃地生长，到了夏至时，全都成熟了。虽然有收获多少的不同，但那是由于土地有肥瘠，雨水有多少，人工有勤惰而造成的。

《诗经·周颂·思文》中记载：

上天赐给周族人小麦、大麦，让周武王遵循周的始祖后稷的旨意，以稼穑养育万民的功业。

这段话表明，小麦和大麦进入神话传说并与周族的延续与扩大联系起来，可见这类作物与当时人们生活关系之密切。

从考古发现来看，在位于安徽省蚌埠市的禹墟的土壤标本浮选过程中，发现了史前大麦。

这个史前大麦标本可以证实在4000年前，人类已经掌握了大麦的人工培植，打破了以前对于大麦的传播和人工培植的农作物历史研究，在农业史和环境历史研究上都是一个突破。

在甘肃省民乐县六坝乡东灰山新石器时期遗址中，发现的5种作物碳化籽粒中，有碳化的大麦籽粒，与现在西北地区栽培的青稞大

周武王（约前1087年—约前1042年），姓姬，名发，周文王的次子。谥号"武"。西周时代青铜器铭文常称其为"珷王"。史称"周武王"。他继承父亲遗志，灭掉商朝，夺取全国政权，建立了西周王朝，表现出卓越的军事和政治才能，成为我国历史上的一代明君。

■ 大麦麦穗

贾思勰 北魏时人,是古代杰出的农学家。所著《齐民要术》是我国现存的第一部系统农书,系统地总结了6世纪以前黄河中下游地区农牧业生产经验、食品的加工与贮藏、野生植物的利用等,对我国古代汉族农学的发展产生了重大影响。

麦形状十分相似,该遗址的年代距今已有5000年。这是迄今为止在我国境内发现的最早大麦遗存。

这一发现将人类的大麦种植史延伸至商周之前,是史前农业考古的一项重大突破。

另外,在对西藏、青海和四川西部的野生大麦进行联合考察时,发现了青藏高原几乎存在包括野生二棱大麦在内的已发现的各种近缘野生大麦,及其一些变种。

早在新石器中期,居住在青海的古羌族就已在黄河上游开始栽培。表明青藏高原应是世界大麦的起源中心之一。特别是裸大麦,我国可能是主要发源地。

大麦分有稃大麦和裸大麦两大类,通常所称的大麦,主要指有稃大麦。裸大麦因地区不同名称各异,如北方称禾广麦、米麦,长江流域称元麦,淮北称淮麦,青藏高原称青稞等。

大麦具有早熟、耐旱、耐盐、耐低温冷凉、耐瘠薄等特点,因此栽培非常广泛。

大麦和小麦的栽培技术基本相同。在南北朝时期农学家贾思勰的农书《齐民要术》问世以前,秦国政治家吕不韦主编的古代类百科全书《吕氏春秋》、西汉末期农学家氾胜之的《氾胜之书》等,都把它们放在一起叙述。

《齐民要术》以后的农书,

■ 大麦

对大麦和小麦的植物形态、地域分布、生育期、耐贮性等方面的差异,已有明确的认识。

如《齐民要术》说,大麦的生育期为250天,小麦的生育期为270天,二者相差20天。

由于大麦生育期较短,有利于调节茬口矛盾,所以在南方的稻麦二熟制中占有一定的比重。

明清之际,在岭南地区更成为稻、稻、麦三熟制中的冬作谷物。

大麦的用途,古代除作食用外,还可用作饲料和医药。《三农纪》说它"喂牛马甚良"。

《吴氏本草》《唐本草注》等说它有治消渴、除热益气、消食疗胀及头发不白、令人肥健等多种功效。后来大麦主要用来制啤酒,这是一种世界级别的饮料。

"大麦万石"陶仓

阅读链接

我国北方多用高粱、大麦、豌豆、小米、玉米等为原料制醋,南方则多用米、麸皮等制醋,而被北方人比较认同的便是"山西老陈醋"。

山西做醋的历史大约有3000年之久。北魏贾思勰在其名著《齐民要术》中总结的22种制醋法,有人考证认为就是山西人的酿造法。其中《大麦作醋法》一节,注云:"八月取清,别公瓮贮之,盆合泥头,得停数年。"

贾思勰曾在山西作过考察,他介绍的这种方法,正是山西老陈醋有别于其他酿醋法的独特之处。

小麦的种植与田间管理

小麦是一种在世界各地广泛种植的禾本科植物,是我国古代以来重要的粮食作物之一,栽培历史已有4000多年。

我国小麦古时主要在北方种植,南宋时期北人南迁,南方开始发展种植。

到明代时,小麦的种植已经遍布全国,并且在长期的实践中总结出了小麦栽培的技术。

■ 小麦

■ 耕种图

在古代周朝的时候,有个天子叫周穆王,他特别喜欢玩耍作乐和到处巡游。

当时中亚的大宛、安息等地都有麦的种植。《穆天子传》记述周穆王西游时,新疆、青海一带部落馈赠的食品中就有麦。

小麦起源于外高加索及其邻近地区。传入我国的时间较早,据考古发掘,新疆孔雀河流域新石器时期遗址出土的碳化小麦,距今4000年以上。

云南省剑川海门口和安徽省亳县也发现了3000多年前的碳化小麦。说明殷周时期,小麦栽培已传播到云南和淮北平原。

甲骨文中有"来"和"麦"两字,是麦字的初文。《诗经》中"来""麦"并用,且有"来""牟"之分,一般认为"来"指小麦,"牟"指大麦。后来古籍多用"麦"字。以后随着大麦、燕麦等麦类作物

周穆王(?—前921年),姬姓,名满,昭王之子,周王朝第五位帝王。他是我国古代历史上最富于传奇色彩的帝王之一,世称"穆天子",关于他的传说,层出不穷,最著名的则是《穆天子传》,虽多不真实,但反映了当时穆王意欲周游天下,以及与西北各方国部落往来的情况。

的推广种植,为了便于区别,才专称"小麦"。

从考古发掘以及《诗经》所反映的情况看,春秋时期以前,小麦栽培主要分布于黄淮流域,春秋战国时期,栽培地区继续扩大,据《周礼·职方氏》记载,除黄淮流域外,已扩展到内蒙古南部。另据《越绝书》记载,春秋时的吴越也已种麦。

战国时发明的石磨在汉代得到推广,使小麦可以加工成面粉,改善了小麦的食用方法,从而促进了小麦栽培的发展。

■ 保存完好的石磨

据《晋书·五行志》记载,晋大兴年间,吴郡、吴兴、东阳等地禾麦无收,造成饥荒,说明当时江浙一带,已有较大规模的小麦栽培。其后,北方人大量南迁,江南麦的需求量大增,更刺激了南方小麦生产的发展。

据《蛮书》记载,唐代云南各地也种小麦。宋代,南方的小麦生产发展更快,岭南地区也推广种麦。到明代小麦栽培几乎遍及全国,在粮食生产中的地位仅次于水稻而跃居全国第二,但其主要产地仍在北方。

在长期生产实践中,古代劳动人民总结出了小麦栽培技术,如轮作和间作套种、种子处理、整地及田间管理等。

> **《蛮书》** 唐代安南经略使蔡袭的幕僚樊绰撰。又称《蛮志》《南蛮记》《南夷记》《云南记》《云南史记》。共10卷,成书于约863年,记述六诏历史等内容。所叙多系作者亲历,史料价值较高,为唐代云南地区历史、地理、民族最系统的记载。

在轮作方面，汉代北方已出现小麦和粟或豆的轮作形式，宋代则在长江流域普遍实行稻麦轮作。

明清时期，北方的小麦、豆类和粟及其他秋杂粮的两年三熟制有很大发展，而且在山东及陕西的少数地方也出现了稻、麦两熟。

山西朔县还出现了包括小麦在内的5年轮作制，南方的浙江、湖南和江西的一些地方还产生了小麦和稻及豆的一年三熟制。

在间作套种方法方面，明代的《农政全书》和清代的《齐民四术》都记载了松江等地在小麦田内套作棉花的棉麦二熟制。

另外，在《农政全书》及清代《补农书》《救荒简易书》和不少地方志中，记载了在小麦田内间作蚕豆及套种大豆等。

明清时期的林粮间作也有发展。《农政全书》中有在杉苗行间冬种小麦的记载。清代《橡茧图说》也

> **《农政全书》**
> 明代农学家徐光启著。基本上囊括了古代农业生产和人民生活的各个方面。其中贯穿着徐光启的治国治民的"农政"思想。贯彻这一思想正是《农政全书》不同于其他大型农书的特色之所在。但重点在生产技术和知识，可以说是纯技术性的农书。

古代耕作图

记载了在橡树行间冬种小麦的经验。

对于小麦的种子处理,《氾胜之书》中载有"以酢浆并蚕矢"在半夜"薄渍麦种"后,天明即行播种的方法。

明代《群芳谱》指出麦种以"棉籽油拌过,则无虫而耐旱"。《天工开物》也说"陕洛之间,忧虫蚀者,或以砒霜拌种子"。

清代《农蚕经》曾介绍了用信煮小米为毒饵,调油后拌小麦种子,可诱杀地下害虫的方法。同时还介绍了用干青鱼头粉、柏油、砒及芥子末拌小麦种子,可防治"蚩虫"即麦根椿象的经验。

在整地方面,北方自古以来重视保墒防旱。《氾胜之书》中强调早耕,因为耕得早有利蓄墒保墒和增进地力。

清代《农言著实》还指出先浅耕灭茬,后再耕

> **《氾胜之书》**
> 西汉农学家氾胜之著,是西汉晚期的一部重要农学著作,一般认为是我国最早的一部农书。总结了我国古代黄河流域劳动人民的农业生产经验,记述了耕作原则和作物栽培技术,对促进我国农业生产的发展,产生了深远影响。

■ 打麦场

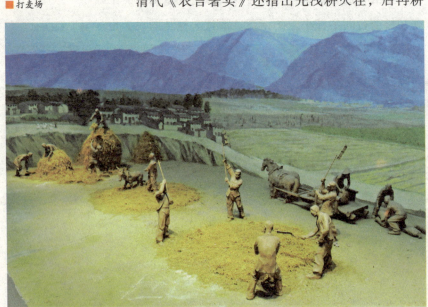

地，随即耙耢，就能保墒，无雨也能播种。《农圃便览》则强调浅耕灭茬宜早，耕后必须耙细，才能保墒。

南方的稻麦两熟田，在整地方面则普遍重视排水防涝，开沟作垄以利排水。

适时播种是古代普遍重视的问题。早在《吕氏春秋·审时》篇中就分析了小麦播种适时及失时的利弊。《氾胜之书》强调要适时播种。

《四民月令》

《四民月令》认为播种时间要根据土壤肥力的不同而有所差别，主张瘦田要早播，肥田则可迟播。

《齐民要术》明确将小麦的播种期分为上、中下三时，指出迟播的用种量要增加。因各种原因而不能适时播种时，古代也有很多补救措施。

明清时期的农书也有相关论述。明代《沈氏农书》就说因田太湿不能下种。清代《农蚕经》又指出：

> 早种者得雨即出，苗瘦者得雨即肥。隔秋分十数日，如不甚干即种之，不然愈待愈晚愈干，悔何及矣。

另外还有采用冬播和早春播种的。

古代普遍认为要多施基肥。元代《农桑衣食撮要》及明代《群芳谱》等都提出麦田内先种绿肥，耕翻后种麦易茂。种肥多用灰粪，也

> 王祯（1271年—1368年），字伯善，元代东平人，即现在的山东东平。元代农学、农业机械学家。著成《王祯农书》或《农书》。比较全面系统地论述了广义的农业，兼论南北农业，有比较完备的"农器图谱"，在"百谷谱"中有对植物性状的描述。

有用豆饼者。

古代也要求多次施追肥，还重视腊肥的施用，如《农政全书》说"腊月宜用灰粪盖之"，《齐民四术》也说"小麦粪于冬，大麦粪于春社"。

古代还有因科地土壤性质不同而施用不同肥料的经验。王祯《农书》指出"江南水地多冷，故用火粪，种麦种蔬尤佳"，火粪就是烧制土杂肥。

在灌溉方面，《氾胜之书》指出"秋旱，则以桑落时浇之"，既可抗旱，又能使麦苗耐寒而安全越冬。清代《三农纪》又指出在小麦孕穗时灌溉能够增产。古代还注意在麦田保雪抗旱。

锄麦是古代麦田管理的重点。《氾胜之书》指出秋季锄麦后壅根。早春解冻，待麦返青后再锄，至榆树结荚时雨止后，候土背干燥又锄，能"收必倍"。

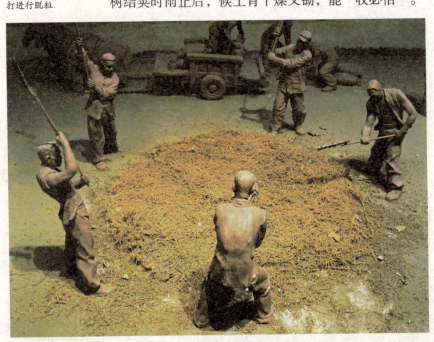

■ 麦穗通过人工敲打进行脱粒

进行晾晒的麦子

理沟是古代南方稻田种小麦的重要管理措施。南方麦田理沟，有利于排水、压草、抗倒伏，而且还有利于下季种稻。但理沟的时间宜早不宜迟。

古代一致认为小麦要及时收获而不能迟延。古语云"收麦如救火"，若少迟慢，一遇阴雨，即为灾伤。很多农书也都强调早获。

在贮藏方面，《氾胜之书》及《论衡·商虫》都提出要晒至极干后贮藏。晋代《搜神记》还说麦子用灰同贮可防虫。

宋代《格物粗谈》还说用蚕沙与麦同贮可免蛀。清代《齐民四术》则强调，要对容器进行消毒杀菌后再贮麦。

阅读链接

小麦是外来作物中最成功的一种，受到了广泛的重视。我国历史上种植的作物不少，而像麦一样受到重视的不多。

先秦时期，在季春之月，天子就为小麦丰收向上苍祈祷，此等重视程度是其他作物所没有的。

汉时思想家董仲舒向汉武帝建议，在关中地区推广宿麦种植。朝廷还向没有麦种的贫民发放种子，并免收遭受灾害损失者的田租和所贷出去的种子等物。

正是由于历代朝廷的重视，小麦在我国得以成功推广，并极大地影响了我国古代作物种植格局。

在古代占重要地位的大豆

大豆,我国古称菽,是一种其种子含有丰富的蛋白质的豆科植物。大豆起源于我国,古代先民用大豆做各种豆制品,已经食用几千年了。

我国古代在驯化和种植大豆的过程中,形成了种植密度和整枝等各方面较为成熟的栽培技术。此外,在大豆的利用方面,先民也总结了丰富的经验。

■《五谷图》中的大豆

■ 刘安画像

刘安是汉高祖刘邦之孙，世爵为淮南王。刘安非常孝顺父母，其母喜吃黄豆，有一次他的母亲生了病，刘安把母亲平时爱吃的黄豆磨成粉，用水冲着喝，并为了调味放入了一些盐，结果就出现了蛋白质凝集的现象。

刘安的母亲吃了很高兴，病也很快好了，于是盐卤点豆腐的技术便流传下来。

豆腐的制作技术在唐代传入日本，以后又相继传到东南亚以及世界其他一些国家和地区。

我国古代利用大豆做豆制品的技术是很成熟的，其实这源于先民们很早就同大豆打交道了。

大豆是古代重要的粮食和油料作物。我国是大豆的原产地，也是最早驯化和种植大豆的国家，栽培历史至少已有4000年。

大豆古称"菽"或"荏菽"，《史记·周本纪》中说：后稷幼年做游戏时"好种麻菽，麻菽美"。如果

刘安（前179年—前122年），西汉皇族，淮南王。博学善文辞，好鼓琴，才思敏捷。招宾客方术之士数千人，编写《鸿烈》亦称《淮南子》，其内容以道家的自然天道观为中心，认为宇宙万物都是由"道"所派生。他善用历史传说与神话故事说理。

农业新空 作物种植

■ 汉代褐色釉谷仓

这些传说可信的话，则我国在原始社会末期已经栽培大豆了。

大豆因不易保存，考古发掘中发现较少。迄今已发现的有吉林省永吉县乌拉街出土的碳化大豆，经鉴定距今已有2600年左右，为殷商时期的实物，是目前出土最早的大豆。

殷商至西周和春秋时期，大豆已成为重要的粮食作物，被列为"五谷"或"九谷"之一。战国时大豆的地位进一步上升，在不少古籍中已是菽、粟并列。《管子》还指出"菽粟不足"，就会导致"民必有饥饿之色"。

大豆在古代作为普通人的主粮，被称为"豆饭"，不像稻、粱那样被认为是细粮。而豆叶也供食，称为"藿羹"。如《战国策》就谈到韩国"民之所食，大抵豆饭藿羹"，反映了战国的饮食情况。

先秦以前大豆主要分布在黄河流域，长江流域的记载很少，《越绝书》曾提到越灭吴前的农产品价格，其中大豆的价格不如黍、稻、麦等，被称为"下物"，似乎反映了当时南方对大豆仍不太重视。

秦汉至唐代末期，大豆的种植有很大发展。《氾胜之书》积极提倡多种大豆，强调多种大豆的重要性。东北地区此时也有一定数量的种植。

南方也有一定的进展，如前汉文学家王褒的《僮约》中有"十月收豆"的农事项目，反映了当时四川

九谷 古代9种主要农作物。九谷名目，相传不一。《周礼·天官·大宰》"三农生九谷"。郑玄注："司农云：'九谷：黍、稷、秫、稻、麻、大小豆、大小麦。'九谷无秫、大麦，而有粱、苽。"《氾胜之书·种谷》说小豆、稻、麻、禾、黍、秫、未、麦、大豆。

已有相当大面积的栽培。

与此同时,东北地区的发展迅速,据《大金国志》记载,当时女真人日常生活中已"以豆为酱"。

清初由于大批移民迁入东北地区,促使大豆等作物更为发展。自康熙开海禁后,东北大豆使大批由海道南下,据清代《中衢一勺》记载"关东豆、麦每年至上海千余万石"。

乾隆年间还有对私运大豆出口要治罪的规定,可知清代前期东北地区已成为大豆的主要产区。

在大豆的栽培技术方面,古代先民除了注意整地、抢墒播种、精细管理、施肥灌溉、适时收获、晒干贮藏、选留良种等外,最突出的有轮作和间、混、套种,肥稀瘦密和整枝。

关于轮作和间、混、套种,在《战国策》和《僮约》中,已反映出战国时的韩国和汉初的四川很可能出现了大豆和冬麦的轮作。后汉时黄河流域已有麦收后即种大豆或粟的习惯。

> 王褒 字子渊,蜀资中人,即现在的四川省资阳市。西汉文学家、辞赋家。王褒和他的作品对后世是有影响的。明代杨慎不仅在他编辑的《全蜀艺文志》里选有王褒的作品,还专门作诗赞誉了王褒文采秀发,擅长辞赋。

■ 西汉"大豆万石"陶仓

■ 储存黄豆的粮仓

陈旉（1076年—1156年），自号西山隐居全真子，又号如是庵全真子，南宋偏安时人。他的《农书》详细总结了我国南方农民种植水稻以及养蚕、养牛等生产技术的丰富经验，并且指出通过合理施肥改良土壤，可使地力"常新壮"。

从《齐民要术》记载中，可看到至迟在6世纪时的黄河中下游地区已有大豆和粟、麦、黍稷等较普遍的豆粮轮作制。陈旉《农书》还总结了南方稻后种豆，有"熟土壤而肥沃之"的作用。

其后，大豆与其他作物的轮作更为普遍。如《山西农家俚言浅解》就谈到有"一年豌豆二年麦，三年糜黍不用说，四年荞谷黑豆芥，五年回头吃豆角"的农谚，这是山西朔县包括大豆在内的轮作制的经验。

大豆与其他作物的间、混、套种的历史也很早，《齐民要术》中有大豆和麻混种，以及和谷子混播作青荄饲料的记载。宋元间的《农桑衣食撮要》说桑间如种大豆等作物，可使"明年增叶二三分"。

明代《农政全书》说杉苗"空地之中仍要种豆，使之二物争长"，清代《橡茧图说》亦说橡树"空处之地,即兼种豆",介绍的是林、豆间作的经验。

清代《农桑经》说,大豆和麻间作,有防治豆虫和使麻增产的作用。总之,大豆和其他作物的轮作或间、混、套种,以豆促粮,是我国古代用地和养地结合,保持和提高地力的宝贵经验。

关于肥稀瘦密。《四民月令》明确指出"种大小豆,美田欲稀,薄田欲稠",这是正确的。

因为肥地稀些,可争取多分枝而增产;瘦地密些,可依靠较多植株保丰收。直到现在一般仍遵循这一"肥稀瘦密"的原则。

大豆的整枝至关重要。大豆在长期的栽培中,适应南北气候条件的差异,形成了无限结荚和有限结荚的两种生态型。

北方的生长季短,夏季日照长,宜于无限结荚的大豆;南方的生长季长,夏季日照较北方短,适于有限结荚的大豆。

在文献上对此记载较迟,《三农纪》提到若秋季多雨,枝叶过于茂盛,容易徒长倒伏,就要"急刈其豆之嫩颠,掐其繁叶",以保持

使用大豆酿醋工艺图

■ 制作豆腐

通风透光。间接反映了四川什邡当地种植的无限结荚型的大豆。

古代对大豆的利用是多方面的。汉代以前，大豆作为食粮。

汉代开始用大豆制成食品的记载增多。《史记·货殖列传》已指出当时通都大邑中已有经营豆豉千石以上的商人，其富可"比千乘之家"，说明大豆制成的盐豉已是普遍的食品。

关于豆腐的明确记载，始见于陶谷的《清异录》。说其"洁已勤民，肉味不给，日市豆腐数个，邑人呼豆腐为小宰羊"。

有关以大豆榨油的记载，始见于北宋《物类相感志》，说明至迟在北宋以前已能生产豆油。豆饼和豆渣也是重要的肥料和饲料。在《群芳谱》中说道"油之滓可粪地"和"腐之渣可喂猪"。清初豆饼已成为重要商品，清末已遍及全国，并有相当数量的豆饼出口。

阅读链接

我国古代有许多文人学士与豆腐结下了不解之缘。他们食豆腐、爱豆腐、歌颂豆腐，把豆腐举上了高雅的文学殿堂，留下了许多赞美豆腐的妙句佳篇。

如唐诗中广为流传的"旋干磨上流琼液，煮月铛中滚雪花"。宋代学者朱熹曾作《豆腐诗》："种豆豆苗稀，力竭心已苦。早知淮南术，安坐获泉布。"诗中描述了农夫种豆辛苦，如果早知道淮南王制作豆腐的技术的话，就可以坐着获利聚财了。

这些千古佳句，表达了诗人对豆腐的依恋与向往之情。

古代的蔬菜及其栽培技术

我国是世界上栽培蔬菜种类最多的国家,总数大约160多种。常见的蔬菜有100种左右,其中原产我国的和引入的各占一半。此外,我国栽培技术的精湛,以精耕细作著称于世。

上古时的菜蔬为今天人们所熟悉的是韭,而一些古代大名鼎鼎的菜蔬随着时代变迁,很多品种已退出蔬菜领域,成为野生植物,如荇、苕、苞之类。

古代蔬菜

上林苑 秦代的宫苑，它是汉武帝刘彻在其旧址上扩建而成的宫苑，规模宏伟，宫室众多，有多种功能和游乐内容。汉代上林苑既有优美的自然景物，又有华美的宫室组群分布其中，是包罗多种多样生活内容的园林总体，是秦汉时期建筑宫苑的典型。

汉元帝时期，有一个叫召信臣的少府卿官，曾经在京师长安附近的皇家苑囿上林苑的太官园中，于隆冬季节，在温室中种育出葱、韭菜等作物。

召信臣的方法是，先修造一座环形房屋，上面覆盖着天棚，只能透光不透风，播下种。待开始出苗时，则在室内昼夜不停地生火，务使室内气温升高。

虽外面大雪飘飘，而室内春暖融融。不久终于培育出严冬季节罕见的时鲜蔬菜，为皇家所赞赏。

故事中召信臣的方法，可说是后来温室栽培的雏形。其实，我国蔬菜历代都有发展，品种逐渐丰富。汉代以前利用的蔬菜种类颇多，但属于栽培的蔬菜，当时只有韭、瓠、笋、蒲等我国原产的少数种类。

东汉时增加到20多种，以后又陆续增加，南北朝时达30余种。

■ 古代使用的曲辕犁

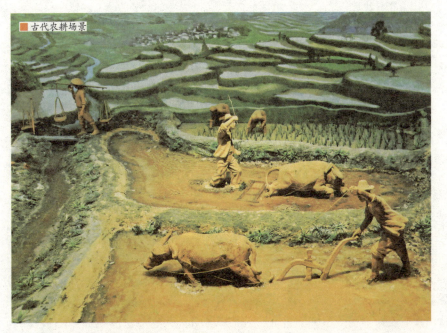
古代农耕场景

其后至元末的数百年间,一直未超过40种。明、清两代增加较快,至清末,主要栽培蔬菜种类将近60种,其中既有高等植物,也有属于低等植物的食用菌类,还有丰富多彩的水生蔬菜。

古代在栽培蔬菜的过程中,各类蔬菜组成变化很大。栽培蔬菜种类一方面大有增加,另一方面也有不少曾作为蔬菜栽培的种类以后却退出了菜圃。

如古代用作香辛调味料的栽培蔬菜种类除葱蒜类和姜外,汉代栽培的还有紫苏、蓼和蘘荷,南北朝时又增加了兰香、马芹等;但到了清代,除葱蒜类和姜外,其余各种在农书中已很少提及。

又如术、决明和牛膝,在唐代都曾作为蔬菜栽培,但不久就转为药用。

历代都有栽培的蔬菜,不同的历史时期,在栽培蔬菜中所占的比重也不尽相同。如葵和蔓菁是两种很古老的蔬菜,早在《诗经》中已见著录,汉代即颇受重视,南北朝时是主要的栽培菜种;到隋、唐以

汉代张骞西行图

后却逐渐退居到次要地位,到了清代,仅在个别省区有栽培。

另外,两种古老的蔬菜菘,即白菜和萝卜,虽在早期未受重视,南北朝时仍属次要蔬菜;但隋、唐以后,地位逐渐提高,到清代终于取代葵和蔓菁,成为家喻户晓的栽培蔬菜。

形成这种变化的原因是多方面的。首先,蔬菜的引种驯化和品种选育工作不断取得新成就,是最主要的原因。

一方面,我国原有的野生蔬菜资源陆续被驯化、栽培和利用。如食用菌类早在先秦时已被认识,一直是采集野生的供食用,到唐代有了人工培养。

白菜在南北朝时北方还很少栽培,以后经过不断选育改良,出现了乌塌菜、菜薹、大白菜等许多不同的品种和类型,因而栽培日盛。

另一方面,张骞通西域后从国外引进,大大丰富了栽培蔬菜种类。其中有些种类引进后经长期精心培育,又形成了我国独特的类型。

如隋代时引进的莴苣,到元代已形成了茎用型莴苣;又如茄子在南北朝时栽培的只有圆茄，元代育成了长茄，后被日本引去。

其次，栽培技术不断改进。如结球甘蓝传入我国后长期未得推广，直到后来解决了栽培中经常出现的不结球问题，才发展成为仅次于白菜的重要蔬菜。

最后，社会需求的变化。如辣椒和番茄都在明代后期传入我国，辣椒因是优良的香辛调味料，适合消费需要，因而推广很快，清代中期已在许多地方作为蔬菜栽培；番茄却长期被视为观赏植物，直至近代了解了它的营养价值后才作为蔬菜栽培。

蔬菜是人们生活中的主要副食品，自古就有"谷不熟为饥，蔬不熟为馑"的说法。为了解决蔬菜的季节供应问题，历史上采取过以下一些行之有效的措施。

一是棚室栽培。早在汉代都城长安的宫廷中，已有"园种冬生葱蒜菜菇，覆以屋庑"的设施，以解决冬季蔬菜供应。

至明、清两代，温室育种花木蔬果的就更为普遍，品种增多，不

古代农耕场景

菜地边用于灌溉的水井

仅有草本，而且还有木本，如铁梗海棠、栀子、山茶，还有最娇嫩的牡丹在冬天的温室中璨然开放，为人间大增春色。

二是分期分批播种。葵在古代是大众化的主要蔬菜，为了解决新鲜葵菜的常年供应，早在汉代就采取一年播种3次葵的做法。南北朝时期又发展为在不同的田块上分批种葵。

到了唐代，分期分批播种又有了新措施。如城郊菜圃中一地多收和种类多样化的方法进一步发展。

三是合理选择品种。为了解决蔬菜的夏季淡季问题，宋代已选种耐热的茄子以缓和夏菜供需矛盾。元代育成了萝卜比较耐热的品种。

明、清之际，更进一步致力于选育和引种适宜夏季栽培的蔬菜，从而逐步形成了以茄果瓜豆为主的夏菜结构。

四是改进贮藏方法。贮藏是解决冬季鲜菜供应的有效途径。古代贮藏鲜菜的方法是窖藏，汉代文献中已有有关记载。

南北朝时期，黄河中下游一带采用的是类似今日"死窖"的埋藏法。此后不断改进，明清时代已出现了所称"活窖"的菜窖。

集约生产是我国古代蔬菜生产的优良传统。南北朝时期就强调菜地要多耕。并且根据蔬菜一般生长期短，产品分批采收，而且柔嫩多汁的特点，逐渐形成了畦种水浇，基肥足，追肥勤的栽培管理原则。

畦种法出现于春秋战国时期。北魏贾思勰的《齐民要术》已总结出畦种有便于浇水，可避免操作时人足践踏菜地，提高菜的产量等优点。

实行间、套作，以提高复种指数，最先也是在蔬菜生产中发展起来的。

西汉时已有在甜瓜地中间作薤与小豆藿的做法。到南北朝时，不仅在一种蔬菜中间作或套作另一种蔬菜，而且还在大田作物中套作蔬菜；到清代，已有蔬菜与粮食作物以及经济作物的套作。

古代针对不同蔬菜的生物学特性而创造的栽培技术十分丰富。如南北朝时适应甜瓜在侧蔓上结果的习性，采取高留前茬，使瓜蔓攀援在谷茬上，以多结瓜的特殊种瓜法。

到了清代，由于掌握了各种不同瓜类的结果习性，分别采用葫芦摘心而瓠子不摘心，甜瓜打顶而黄瓜不打顶的整蔓方法。

> **复种指数** 或叫种植指数。是指一定时期内在同一地块耕地面积上种植农作物的平均次数，即年内耕地面积上种植农作物的平均次数，也即年内耕地上农作物总播种面积与耕地面积之比。它反映复种程度的高低，用来比较不同年份、不同地区和不同生产单位之间耕地的利用情况。

■ 贾思勰塑像

古代农业活动

蔬菜的采种在古代很早即受到重视。《齐民要术》在叙述每种蔬菜的栽培法时,都一一说明其留种方法。如甜瓜应选留"瓜生数叶便结子"的"本母子瓜",使种出的瓜果早熟;葵虽四季都可播种,但采种者必须在农历五月播种等。

古代蔬菜除本土培育的品种外,还有很多从国外传进来的品种。在每个朝代,从国外传进来的蔬菜品种各不相同。这些蔬菜品种丰富了人们的餐桌,改变了人们的口味,对生活有深远影响。

阅读链接

在人们的餐桌上,有胡瓜、胡桃、胡豆、胡椒、胡葱、胡蒜、胡萝卜等这些"胡姓"食物,除了"胡"系列果蔬;也有"番"系列的,比如番茄、番薯、番椒、番石榴、番木瓜;还有"洋"系列的,比如洋葱、洋姜、洋芋、洋白菜等。

农史学家认为:"胡"系列大多为两汉两晋时期由西北陆路引入,比如张骞出使西域就带回许多西域果蔬;"番"系列大多为南宋至元明时期由"番舶"带入;"洋"系列则是大多由清代乃至近代引入的美食珍馐。

耕作技术

精耕细作

我国古代历来重视农业生产,曾创造了辉煌灿烂的中华文明,而精耕细作技术的进步,在其中起到了重要作用。耕作技术是指采取各种手段,投入大量的人力物力以取得最大限度产出的耕作方式。

古代精耕细作技术,主要体现在土壤改良、肥料积制与施用、旱地与水田耕作、把握农时等方面。

表明了我国古代农业技术水平比较高,无论从生产工具、配套设施,还是从栽培技术,如轮作、多熟、间作套种等方面,都比西方的粗放式经营要先进许多。

最早的土壤改良技术

古代对土壤的改良，主要是建立在人们对土壤的充分认识上。

古代先民不仅认识到了植物对土地的依赖性，地力与作物生长的关系，而且认识到了土壤是可以改良的。

古代土壤改良主要针对盐碱地和冷浸田进行改良，并且在实践中因地制宜地创造了很多的方法，取得了很好的成效。

■ 古代农耕场景

传说盘古开天辟地，用身躯造出日月星辰、山川草木。这时，有一位女神女娲，她放眼四望，总觉得有一种说不出的寂寞，当她看到自己的影子时，突然觉得心头的死结解开了：原来是世界上缺少一种像自己一样的生物。

想到这儿，女娲马上用手在池边挖了些泥土，和上水，照着自己的影子捏了起来。

捏着捏着，就捏成了一个小小的东西，模样与女娲自己差不多，也有五官七窍，双手两脚，但性别却有些差别，有男有女。捏好后往地上一放，居然活了起来。

女娲一见，满心欢喜，接着又捏了许多。她把这些小东西叫作"人"。她造出的这些"人"是仿照神的模样造出来的，气概举动自然与别的生物不同，居然会叽叽喳喳讲起和女娲一样的话来。

他们在女娲身旁欢呼雀跃了一阵，慢慢走散了，去过他们自己的生活。

如果将女娲抟土造人看作人类对土壤的认知，应该也是完全可以的。因为女娲假如不知道土壤有这个特性，也就谈不上新的创造，而这一点恰恰契合了人类最初对土壤的认识和利用。

春秋以前，先人们已认识植物对土地的依赖性。

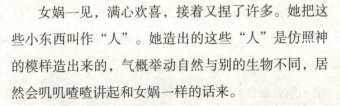

■ 女娲塑像

女娲 又称女娲氏、娲皇，是传说时代的上古氏族首领，后逐渐成为我国神话中的人类始祖。女娲的主要功绩为抟土造人，以及炼石补天。其他的功绩包括发明笙簧和规矩，以及创设婚姻。后世女娲成为民间人们信仰中的神祇，被作为人类始祖和婚姻之神来崇拜。

《周易·离·象辞》中已有"百谷草木丽乎土"之说,不过当时对土的概念还非常模糊、笼统。

到春秋战国时,开始有了土和壤的概念。《周礼》的"土宜之法"中,已有"二土"和"二壤"的说法,明确将土和壤作了区分。

东汉时郑玄对土和壤的本质又作了说明,他在注《周礼》中说:万物自生自长的地方叫土,人们进行耕作栽培的地方叫壤。其实就是自然土壤和耕作土壤。这就是说,土是自然形成的,而壤则是通过人力加工的,这便是土和壤的本质区别所在。

■ 郑玄塑像

郑玄(127年—200年),字康成,高密人,为汉尚书仆射郑崇八世孙。东汉经学大师、大司农。以古文经学为主,兼采今文经说,遍注群经,著有《天文七政论》《中侯》等书,共百万余言,世称"郑学",为汉代经学的集大成者。后人纪念其人建有郑公祠。

对于地力与作物生长的关系,汉代也开始有了认识。《史记·乐书》中说:"土敝则草木不长……气衰则生物不育。"后来,王充在《论衡》中进一步指出了地力高低与作物生长和产量的关系,他说道:

地力盛者草木畅茂,一亩之收,当中田五亩之分。苗田,人知出谷多者地力盛。

反映了当时已经认识到地力对提高产量的作用。

古代人们认识到土壤是可以改良的,不同的土壤只要采用不同的改良措施,是可以改良成功的。主要的改良土壤有盐碱地和冷浸田。

其中盐碱地改良包括种稻洗盐、开沟排盐、淤灌压盐、绿肥治碱、种树治碱和深翻压碱。

种稻洗盐，这是一种很古老的治理盐碱地的方法。战国时，西门豹治邺，就已运用这种方法，并取得了"终古斥卤，生之稻粱"的成效。

明代万历时，保定巡抚汪应蛟，在葛沽、白塘盐碱地上开荒用的也是这种办法。据记载，当时"垦田五千余亩，其中十分之四是稻田，当年亩收四五石"，比原来"亩收不过一二斗"提高了几十倍。

清代康熙时，天津地方官曾引海河水围垦稻田20000余顷，亩收三四石。水田漠漠，景象动人，被人称为"小江南"。

雍正时，清朝廷在宁河围垦，使这一地区"斥卤渐成膏腴"。咸丰时，科尔沁亲王僧格林沁在大沽、海口一带围垦，垦得稻田280余公顷，斥卤变成沃壤。

种稻洗盐一直为人们所重视，并且在改良盐碱地中取得过明显的成效。

开沟排盐这一方法出现于战国，据《吕氏春秋·任地》中的记载，当时已将开沟排盐作为当时发展农业生产的十大问题之一。

开沟排盐措施比较简

> 王充（27年—约97年），字仲任，会稽上虞人，他的祖先从魏郡元城迁徙到会稽。王充年少时就成了孤儿，乡里人都称赞他孝顺。后来到京城，在中央最高学府太学里学习，拜扶风人班彪为师。《论衡》是王充的代表作品，也是我国历史上一部不朽的无神论著作。

■《吕氏春秋》

单，因而这一方法一直为后世所沿用。清代《济阳县志》记载：

> 碱地四周犁深为沟，以泄积水，如不能四面尽犁，即就最低之一隅挑挖成沟，或将碱地多开沟弯为泄水之区，以卫承粮地亩，是以无用之抛荒，而为永远之利益矣。

这便是其中之一例。

淤灌压盐这一方法也出现于战国，当时的秦国在修建郑国渠时，就使用了这种方法，"用注填阏之水，溉泽卤之地。"结果关中变成了沃野，后被人们称为"天下陆海之地"。

在历史上规模最大的淤灌压盐，是宋神宗熙宁时期，地域遍及河南、河北、山西、陕西一带。宋朝政府还专门成立了淤田司来管理这项工作。并取得了巨大的成效，一方面改良了大片盐碱地，另一方面又提高了产量。

熙宁淤灌，还留下不少技术经验：

■ 汉代耕田俑

一要掌握好淤灌季节，因为不同季节，水流含泥沙的成分和浓度不一样，不是任何时候淤灌都能收到改土的效果。淤灌一般都要抓住水流中含淤量最丰富的季节进行。

二要处理好淤灌同航行的矛盾，否则容易发生上游放淤，下游阻运的事故。

三要处理好淤灌同防洪的矛盾，淤灌一般都在汛期或涨水时期，这时流量大，水势强，如不注意，就会造成决口，泛滥成灾，危及生命财产的安全。可见放淤时，这个问题是一点儿也麻痹、疏忽不得的。

■ 清代农民塑像

绿肥治碱是利用绿肥来提高盐碱地的有机质以防泛碱的一种方法。初见于《增订教稼书》，书中记载，在无水种稻的地方，可"先种苜蓿，岁芟其苗食之，四年后犁去其根，改种五谷、蔬果无不发矣。苜蓿能暖地也"。明清时期，不少地方已使用这种方法治理盐碱地。

种树治碱这一办法出现于清代，道光年间对种树治碱在树种选择、栽种技术、管理措施、排盐方法等方面都已积累了不少经验。

深翻压碱这是将地表的盐碱土翻压在地下的一种方法。这种技术也出现于清代，流行于山东、河南、河北、江苏一带。其治碱的效果是相当显著的。

盐碱地 它是盐类集积的一个种类，是指土壤里面所含的盐分影响到作物的正常生长。我国碱土和碱化土壤的形成，大部分是与土壤中碳酸盐的累积有关，因而碱化度普遍较高，严重的盐碱土壤地区植物几乎不能生存。古代先民对盐碱地的改良创造了很多方法。

> **冷浸田** 是指山丘谷地受冷水、冷泉浸渍或湖区滩地受地下水浸渍的一类水田。主要分布在我国南方山区谷地、丘陵低洼地、平原湖沼低洼地，以及山塘、水库堤坝的下部。古代改良冷浸田的方法是熏土增温、深耕冻垡、烤田和施用石灰等。

至于冷浸田的改良，历史上一直对冷浸田的改良很注重。其具体办法是熏土增温和深耕冻垡，此外还有通过烤田和施用石灰等。

熏土增温这种方法出现于宋代。宋代李彦章《江南催耕课稻编》记载，在福州，其治理的方法是：

> 先于立春之十五日前，或十日前，将田中稻根残藁，划割务尽，田土晒干，于是始犁，每亩之土翻作二百余堆，乃用火化之法，每堆以一束干草重六七斤者，杂树叶禾藁及土烧之。

清代的《顺宁府志》记载，当地治冷浸田的办法是"农人治秧先堆犁块如窑塔状，中空之，插薪举火，土因以焦，引水沃之，爰加犁耙，土乃滑腻，气乃苏畅，方可布种，倘烧犁少不尽善而或失时，则秧未可问矣"。

深耕冻垡是对冬闲田，在秋冬应深耕，促进土壤疏松熟化，春季解冻后耕耙保墒，开沟筑畦。夏栽时选早熟作物的茬口抢栽。

烤田的办法治理冷浸田，在明《菽园杂记》中也有记载：

> 新昌、嵊县有冷田，不宜早禾，夏至前后始插秧，秧已

■ 宋代李彦章画像

成科，更不用水，任烈日暴，土坼裂不恤也。至七月尽八月初得雨，则土苏烂而禾茂长，此时无雨，然后汲水灌之。若日暴未久，而得水太早，则稻科冷瘦，多不丛生。

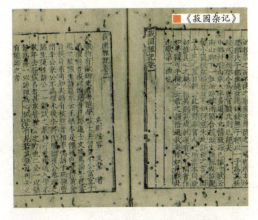
《菽园杂记》

施用石灰在清代《黔阳县志》有记载，黔阳当地"禾苗初耘时，撒灰于田，而后以足耘之，其苗之黄者，一夕而转深青之色，不然则薄收"。

此外，清代的《长宁县志》《永州府志》和《兴宁县志》中，也有记载用石灰改良冷浸田的方法。

阅读链接

北宋时，黄河和滹沱河曾经有过大范围的放淤工程实践。放淤始于嘉祐，至熙宁达到高潮，前后20多年。

王安石是熙宁放淤的倡导者。王安石在未出任宰相之前对发展北方农业作了调查，然后开始进行大规模的放淤。

此次放淤以首都开封汴河沿岸为起点，扩展到豫北、冀南、冀中以及晋西南、陕东等广大地区，持续时间大约10年，在治碱改土方面取得了较好成绩，从前"聚集游民，刮咸煮盐"的斥卤地，放淤当年即获丰收。

古代肥料积制与施用

培肥土壤提高地力,这一点在我国人们懂得施肥的初期已经认识到。施肥可以改土,可以提高地力,这是自战国至清代2000多年来的一贯认识。

古代先民不但积制了100多种肥料,而且在施肥方法上有许多创建,并且出现了河泥积制、饼肥发酵、烧土粪和沤肥等新的方法。

此外,施肥技术的精细化,不仅增强了地力,而且使农作物的养料更充足,从而提高了粮食产量,推动了社会经济的发展。

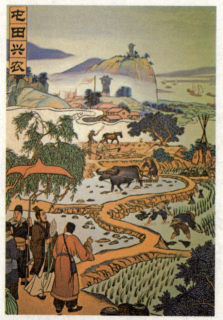
■ 古代耕种图

■ 土地施肥

我国历来都十分重视积肥和施肥,并认为这是变废为宝,化无用为有用的一个重要方法。

古代的肥料,主要来自家庭生活中的废弃物,农产品中人畜不能利用的部分,以及江河、阴沟中的污泥等,这些本都是无用之物,但积之为肥,即成了庄稼之宝。

古代的肥料种类特别多。战国时,已使用人粪尿、畜粪、杂草、草木灰等作肥料。

到秦汉时期,厩肥、蚕的排泄物、骨汁、豆萁、河泥等亦被利用为肥料,其中厩肥在这时特别发达。

魏晋南北朝时期,除了使用上述的肥料之外,又将旧墙土和栽培绿肥作为肥料。其中栽培绿肥作肥料,在肥料发展史上具有重要的意义,它为我国开辟了一个取之不尽、用之不竭的再生肥料来源。

明代是多熟种植飞速发展,复种指数空前提高的

厩肥 也叫圈肥、栏肥,是指以家畜粪尿为主,混以各种垫圈材料积制而成的肥料。厩肥积制方式,可分圈内堆积和圈外堆积,还有介于二者之间的方法,即在圈内堆积一段时间后,出圈再堆沤一段时间。具体的积肥方法,因地而异。

古本《农书》

时期,对肥料的需求也大大增加,千方百计扩大肥源,增加肥料,成为这一时期发展农业生产的重要内容,肥料种类因此也不断增加。

据统计,明清时期,农作物施用的肥料有粪肥、饼肥、渣肥、骨肥、土肥、灰肥、绿肥、无机肥料、稿秸肥和杂肥10大类,总计约有130余种。

可见明清时期肥料种类的丰富。其中有机肥料占绝大多数,反映了我国古代以有机肥料为主,无机肥料为辅的肥料结构特点。

古代不但重视扩大肥源,同时也重视肥料的积制加工,以提高肥效。积制的肥料有杂肥、厩肥、饼肥、火粪,以及配制粪丹和重视对肥效的保存。

杂肥的沤制可以说是我国使用沤肥的滥觞。早在春秋战国时期,我国已利用夏季高温把田里的杂草沤烂作肥料。

宋代陈旉在《农书》中介绍了一种沤制肥料的办

无机肥料 为矿质肥料,也叫化学肥料,主要指无机盐形式的肥料。所含的氮、磷、钾等营养元素都以无机化合物的形式存在,大多数要经过化学工业生产。常见的有氮肥、磷肥、钾肥、钙肥和复合肥等。

法，即将砻簸下来的谷壳以及腐稿败叶，积在池中，再收聚洗碗肥水和淘米泔水等进行沤渍，日子一久便腐烂成肥。

明代《沈氏农书》中介绍了另一种做沤肥的办法，就是将紫云英或蚕豆姆等用河泥拌匀进行堆积沤制，这种办法叫"窖花草"和"窖蚕豆姆"，现在南方称之为窖草塘泥。

厩肥堆制在《齐民要术》中记载有肥料堆制法，是一种将垫圈同积肥相结合的堆制法。当时称为踏粪法，而这实是我国最早的堆肥。

到清代，《教稼书》也提出了一种"造粪法"，详细介绍了牛、羊、马、骡、驴、猪粪的积制方法。原理和踏粪法相似，也是垫圈同积肥相结合，但措施要比《齐民要术》记载的更加具体和细致。

饼肥发酵法出现于宋代，据陈旉《农书》记载：将渣饼用杵臼春碎，与熏土拌和，堆起来任其发酵等其发霉长出"鼠毛"即一种小单孢菌样的东西后，便

> **熏土** 用杂草、落叶、稻秆等熏烧泥土。亦指熏烧过的泥土。泥土经熏烧后，有效态氮、磷、钾等养分有所增加，但有机质和氮素的总量减少。山区和冷湿黏性土壤地区多用以作肥料。熏土能够促进深翻后底土的快速熟化，是深翻土熟化和积肥相结合的一种好办法。

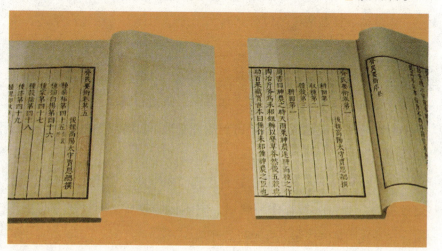

■《齐民要术》

《徐光启手迹》碑廊

摊开翻堆,内外调换。

这样堆翻三四次以后,饼渣不再发热,然后才可使用。这是一种预防饼肥直接施用造成烧苗的措施。

烧制火粪是宋元时代创造出来的一种积制肥方法。做法有两种:

一是将"扫除之土,烧燃之灰,簸扬之糠秕,断稿落叶积而焚之",和现在烧制焦泥灰的办法有点相似。

二是烧土粪,具体措施是"积土同草木推叠烧之,土热冷定,用碌碡碾细用之",这和今日的熏土已完全相同了。

粪丹是一种高浓度的混合肥料,出现于明代,《徐光启手迹》中记录有当时粪丹的配制方法。

主要原料有人粪、畜粪、禽粪、麻饼、豆饼、黑豆、动物尸体及内脏、毛血等,外加无机肥料,如黑矾、砒信和硫磺,混合后放在土坑中封存起来,或是放在缸里密封后埋于地下,待腐熟以后,晾干敲碎待用。

据《徐光启手迹》记载,这种肥料"每一斗,可当大粪十石",肥效极高。粪丹一般都作种肥用,它不但肥效高,而且还有防虫作用。这是我国炼制浓缩混合肥料的开端。

我国古代所使用的肥料,大多都是有机肥,这种肥料需要腐熟之后才可使用。这样既不会因有机肥发酵而烧坏庄稼,又可因有机物分解而提高肥效,所以历史上都十分重视对肥料的积制和加工。

清代《知本提纲》将古代肥料的积制方法总结成"酿造十法",从这"酿造十法"之中,我们可以看到我国古代对肥料积制的重视,同时也可看到我国古代肥料和积制方法的繁多,如人粪、牲畜粪、草粪等的积制。

"酿造十法"既反映了我国古代千方百计开辟肥源,又千方百计提高肥效的情况。可以说,"酿造十法"是对我国古代的肥源及其积制方法的全面总结。

在战国时代已开始使用肥料。最早记载我国施肥技术的是西汉的《氾胜之书》,从书中的记载来看,当时的施肥技术已有基肥、追肥、种肥之分,只是当时未有这种专有名称而已。

古代先民重视施用基肥和讲究看苗施肥。基肥在古代称为"垫底",追肥称为"接力",在基肥和追肥的关系上,一直重视基肥。

古代施用的肥料,主要是农家杂肥,这种肥料分解的时间长,而且肥效慢,用作基肥,可以随着它的逐步分解而徐徐讨力,发挥肥效稳而长的作用,而追肥一般要求速

> **《知本提纲》**
> 清代杨屾所著的一部理学著作。其中《修业·农则》部分反映了当时西北地区的农业生产情况,自成体系,可单独视为一部农学专著。该书理论与实践并重,文字生动明畅,操作技术也多切实可行。

《徐光启手迹》

效，农家肥则很难发挥这个作用。

明清时期，特别重视基肥的施用和施肥上的"三宜"，即时宜、地宜和物宜，从而形成了我国一套传统的施肥技术。

气候比较寒冷的北方，有机肥分解更慢，这大概是我国古代特别重视施用基肥的原因。

最能代表我国古代施肥技术水平的是，明清时期出现的稻田看苗施肥技术。这一技术首先出现于太湖地区的杭嘉湖平原。

据明末清初的《沈氏农书》记载：施肥要根据作物生长的发育阶段和营养状况来决定，也就是我们所说的看苗施肥。书中除提出单季晚稻施追肥所要注意的两个原则外，还介绍了稻田施用追肥的具体方法。

合理施肥也是古代施肥技术中的一个基本措施。早在宋元时代，在施肥问题上我国已一再强调要"用粪得理"，也就是现代所说的合理施肥。

合理施肥是指肥料种类的选择是否适合土壤的性质，以及肥料的

古代农田施肥场景

汉代农民施肥耕种

施用量、施用时间、施用方法是否适当等。

南宋陈旉在《农书》中指出施肥要因土而异，要看土施肥；元代王祯也强调合理施肥，强调施肥的量要适中，施用的肥料要腐熟。

古人总结的施肥时宜、地宜、物宜"三宜"原则和肥料积制的"酿造十法"一起，集中反映了清代在肥料积制和施用肥料的技术上已达到了相当高的水平。

阅读链接

在宋元时期，一些无机肥料如石灰、石膏、硫磺等也开始在农业生产上应用。

据我国农业遗产研究室编《我国古代农业科学技术史简编》的统计，宋元时期的肥料有粪肥6种、饼肥2种、泥土肥5种、灰肥3种、泥肥3种、绿肥5种、稿秸肥3种、渣肥2种、无机肥料5种、杂肥12种，共计约45种。

其中饼肥和无机肥的使用，是这一时期的新发展。不仅促进了农作物的生长、增收，也在我国古代无机肥利用过程中具有深远影响。

古代北方旱地耕作技术

神农像

我国北方指的是黄河中下游地区。古代北方旱地由于降雨较少,分布不均,经常有干旱威胁,这是旱地农业低产不稳产的重要原因之一。

抗旱耕作在发展北方旱地农业上占有重要地位。

古代先民在长期的抗旱耕作中积累了丰富的经验,并且创造了适合北方保墒防旱的耕作技术,如深耕、碎土、耙平及浅、深、浅的耕作法等。

■ 手拿麦穗的神农像

神农氏是我国古代神话人物,是民间公认的农业之神。传说神农氏培育了"五谷",并且教会了人们如何耕种,从而开启了我国农业的先河。

一天,一只周身通红的鸟儿,衔着一棵五彩九穗谷,飞在天空,掠过神农氏的头顶时,九穗谷掉在地上。神农氏见了,拾起来埋在了土壤里,后来竟长成一片。

神农氏把谷穗在手里揉搓后放在嘴里,感到很好吃。于是他教人砍倒树木,割掉野草,用斧头、锄头、耒耜等生产工具,开垦土地,种起了谷子。

神农氏从这里得到启发:谷子可年年种植,源源不断,若能有更多的草木之实选为人用,多多种植,大家的吃饭问题不就解决了吗?

那时,五谷和杂草长在一起,草药和百花开在一起,哪些可以吃,哪些不可以吃,谁也分不清。神农

神农氏 我国古代的神话人物。是五氏出现的最后一位神祇。他的出现,结束了一个时代。因以农业为主,他的部落称神农部落。神农氏能够分辨出什么植物可食用,以辨别药物作用,并以此撰写了人类最早的著作《神农本草经》,教人种植五谷、豢养家畜,使我国农业社会结构完成。

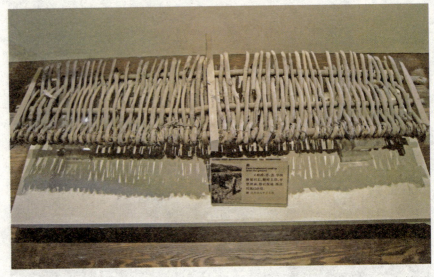

■ 传统农具耱

耱田 是一种稻地莳秧前的一道工序，也就是指水中平整土地。古代耱田可分为人工耱田和牛力耱田两种。人工耱田只适用于做秧田和零星的小块稻田。人工耱田工具有两种，最常用的一种叫木质楢耙，还有一种叫竹质楢耙。有了这两种工具中的一种就可耱田了。

氏就一样一样地尝，一样一样地试种，最后从中筛选出稻、黍、稷、麦、菽五谷，所以后人尊他为"五谷爷""农皇爷"。

神农氏生于北方的姜水，姜水位于现在的陕西省宝鸡境内。他教民耕作的方法，是适应北方农业自然条件的方法。

北方地区年降雨量偏少，而且分布不匀，主要特点是春季多风旱，雨量主要集中于夏秋之交。春季是播种长苗的重要季节，雨水的需要量特别多。这样，防旱便成了北方地区进行农业生产的最突出问题。

这个问题在战国时，已为人们认识到并在土壤耕作中采取了相应的措施。当时使用的"深耕疾耰""深耕耰粳"耕作技术便是我国最初的防旱措施。

耰有两方面的意义，作为农具讲，它是一种碎土的木榔头；作为耕作技术讲，它是耕后的一种耱田碎土作业。"疾耰"是耕后很快将土打碎,并且将土块打得细细的,其目的就是保墒防旱。

耱田碎土的耕作法,到汉代便发展为耕耱结合的耕作法。耱就是用无齿耙将土块耙碎,地面耙平。说明耕后耱地收墒的技术,在西汉时已经产生。

到了魏晋时期,又形成了耕、耙、耱抗旱保墒的耕作技术。在嘉峪关的魏晋墓壁画中,已有耕、耙、耱的整个操作图像。

到北魏时期,贾思勰在《齐民要术》中又在理论上对它作了系统的说明。至此,我国北方旱地耕作技术体系便完全定型了。

这一体系的特点之一是,耕地的适期应以土壤的墒情为准。《齐民要术》说道,土壤中所含的水分适中。在水旱不调的情况下,要坚持"宁燥勿湿"的原则,否则即形成僵块,破坏耕作,造成跑墒,好几年

保墒 保持水分不蒸发,不渗漏。保墒在作物的几乎各个阶段都非常重要,尤其是在北方,种子播下后要保持土壤中一定的水含量,就要把地面的土块用耙、磨的方式搞平、搞细,阳光和风对水分的蒸发作用减轻,为种子发芽赢得时间。

■ 耕种场景

■ 耕种场景

杨屾（1687—1785年），字双山。清朝鼎盛时期的农学家，一生重视农业和农业技术教育，长期从事农业职业技术教育，办学规范，成绩卓然，是我国古代杰出的农业教育家。生平著作有《知本提纲》《论蚕桑要法》各10卷，《经国五政纲目》8卷，《豳风广义》4卷，《修齐直指》1卷。现存只有《知本提纲》《豳风广义》和《修齐直指》。

都会受影响。

特点之二是，耕地深度应以不同时期而定。《齐民要术》记载："初耕欲深，转地欲浅"，因为"耕不深，地不熟，转不浇，动生土也"。

这是因为黄河流域秋季作物已经收获，深耕有利于接纳雨水和冬雪，也有利于冻融风化土壤，而春夏之季，正值黄河流域的旱季，气温渐高，水分蒸发量也大，深耕动土，就会跑墒，影响播种。

特点之三是，强调耕后耙耱在抗旱保墒中的作用。《齐民要术》指出，耕后不劳，还不如不耕，让它白地晒着好。

可见到北魏时期，北方旱地耕作的技术体系，即通过耕、耙、耱以达到抗旱保墒的整套土壤耕作技术，已经完全形成。北魏以后，北方的耕作技术仍有发展，主要提倡多耙和细耙。

对于多耙和细耙，在金元时期的农书《韩氏直说》一书中，认识到多耙细耙具有保墒耐旱的作用，能够保证种子安全出苗，苗后能良好生长的作用，同时还有减少虫害和病害的作用。这是北方旱地土壤耕作技术进一步发展的标志之一。

浅、深、浅耕作法形成于清代。清代杨屾的《知本提纲》记载："初耕宜浅，破皮掩草，次耕渐深，见泥除根翻出湿土，犁净根茬"，"转耕勿动生土，频耖毋留纤草"。

清代学者郑世铎对此注解说：

> 转耕，返耕也。或地耕三次：初次浅，次耕深，三耕返而同于初耕；或地耕五次，初次浅，次耕渐深，三耕更深，四耕返而同于二耕，五耕返而同于初耕。故曰转耕。

这种耕作方式，在北魏时的《齐民要术》中已有记载，不过那时只是作为牛力不足，难以作为秋耕时的补救措施。到清代则正式列为耕作体系的基本环节之一。浅、深、浅耕作法在北方抗旱保墒中具有明显的防止雨水流失、蓄水保墒的作用。

阅读链接

明清时期，随着间套复种的大发展，北方旱地特别是以麦豆秋杂粮为主，轮作复种方式的两年三熟地区，通行以耕耙耱和留茬播结合为主要形式的合理轮耕制。

清代复种技术也因人多地少而获显著发展。在黄河流域，自乾隆时期以后，山东、河北及陕西的关中地区，普遍实行三年四熟或二年三熟制。东北等处则是一年一熟。北方传统的种植制度在清末基本定型。

古代南方水田耕作技术

我国南方是指秦岭、淮河以南的广大地区，这一地区主要以种植水稻为主。

古代南方的水稻种植，主要以育秧移栽的方式进行，土壤耕作要求大田平整、田土糊烂，以便插秧。这和北方旱地耕作有明显不同。

南方水田的耕作技术，逐步形成了水旱轮作，水耕与旱耕结合的技术体系，水田耕作形成耕耙耖三位于一体；旱作采用"开沧作沟"，整地排水的技术，提高了垄作与平作的耕作技术。

■ 水田图形

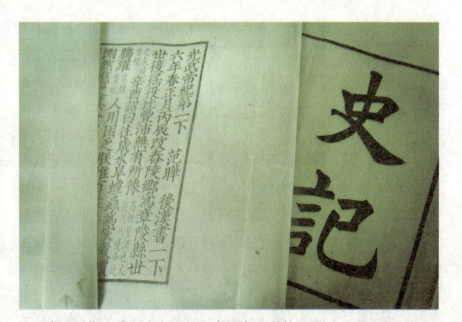

■《史记》

秦汉时期,我国南方还是一个地广人稀的地区,生产落后,多采用火耕水耨的粗放耕作技术。

火耕水耨,简单来说就是烧去杂草,灌水种稻。这在很多史籍中都有记载。

《平准书》引汉武帝处置山东灾民诏令道:"江南火耕水耨,令饥民得流就食江淮间。"

过了七八百年,《隋书·地理志》记载江南水田耕作方式时,仍然说是"江南之俗,火耕水耨,食鱼与稻,与渔猎为业"。

从上述记载来看,从汉至隋,言及江南耕作方式的《盐铁论·通有篇》《汉书·武帝纪》《汉书·地理志》以及诸多的六朝诗文中,都用"火耕水耨"来概括这一时期的南方水田耕作。

至唐初依然有人称江南"吴风浇竞,火耕水耨"。这种耕作方式,800年甚至更长的时期内一以

楚越 楚国和越国。在秦代,楚国,也叫荆国,其全盛时的最大辖地大致为现在的湖北、湖南全部、重庆、河南、安徽、江苏、江西、浙江、贵州、广东部分地方;越国,辖现在的浙江省诸暨、东阳、义乌和绍兴周边地区。

贯之，未有任何变动。

《农书》

古代先民烧荒，这是很普遍的，故无论种粟植稻，都要先烧草作为肥料。水稻又得"水耨"，除去杂草，沤于水中，既作肥料，又保证水稻生长。

江汉平原，古代农业历来先进，屈家岭、石家河文化遗址中，均有稻壳出土，可见楚人占据江汉平原后，以水稻为主的农业生产，进一步得到发展，耕作水平也逐步提高。

火耕烧田的作用，一般认为是除草和施肥。但是杂草大都以种子和根茎繁殖，种子秋季成熟后已落入土中，根茎也深埋于地下，烧田只能烧掉妨碍耕翻播种的枯草，并不能真正起到除草的作用。

烧田取肥是早期农业中增加耕地肥力的重要途径之一。六朝时期，南方地区已经较普遍地使用粪肥、厩肥，并能轮种苕草作绿肥，稻田施肥不再完全依赖烧取草木灰，但这并不排除施肥的可能性。

南方水田耕作技术的成熟阶段形成于唐代。唐代在"安史之乱"后，北方人口大量南移，并将北方的先进工具传到南方，这样便促进了南方耕作技术的发展，形成了耕、耙、耖相结合的水田作业。

耙由于在破碎土块，打混泥浆，平整田面方面的作用还不够理想，所以到宋代又加以改进，创造出耖。

耖为木质，圆柱脊，平排9个直列尖齿，两端1至2齿间，插木条系畜力挽用牛轭，二齿和三齿之间安横柄扶手，是用畜力挽行疏通田泥的农具。

耖更主要的作用在于把泥浆荡起混匀，再使其沉积成平软的泥层，以利于插秧的进行。用这种农具操作，在南宋时已成为水田耕作重要的一环，从此便形成了南方水田耕耙耖相结合的耕作技术体系。

宋元时期，南方稻田存在着两种不同的情况，一种是冬闲田，一种是冬作田。这两种田的耕作是不一样的。

冬闲田的耕作，大致有3种方法，即干耕晒垡、干耕冻垡和冻垡与晒垡相结合。

对于干耕晒垡，陈旉《农书》记载：

> 山川原隰多寒，经冬深耕，放水干涸，霜雪冻冱，土壤苏碎。当始春，又遍布朽薙腐草败叶，以烧治之，则土暖而苗易发作，寒泉虽冽，不能害也。

> **牛轭** 古代农具的一种。耕地时套在牛颈上的曲木，是牛犁地时的重要农具，与犁铧配套使用。牛轭状如"人"字形，约半米长，两棱。简陋的牛轭一般用"人"字形的树杈做成，也有的找木匠制作，需要挖榫眼凿洞眼，契合比较牢固。

■ 水田耕种图

这种方法主要用于土性阴冷的地区或山区，借以利用晒垡和熏土来提高土温。

对于干耕冻垡，陈旉《农书》说，通过深耕泡水，沤烂残根败叶，可以消灭杂草和培肥田土。这种方法主要用于平川地区。

至于冻垡和晒垡相结合，王祯《农书》说道：

> 下田熟晚，十月收刈既毕，即乘天晴无水而耕之，节其水之浅深，常令块拨半出水面，日暴霅冻，土乃酥碎，仲春土膏脉起，即再耕治。

这是通过既晒又冻，上晒下冻的办法来促进土壤的进一步熟化。

据元代王祯《农书》记载，开沟作瞵的方法是：田块四周修有田埂，田埂中间形成排水沟，利于排除田中积水和降低土壤含水量，从而利于小麦旱作。接着种水稻时，再平整田埂，蓄水深耕。

宋元时代创造的稻田耕作技术，至今在南方的土地耕作中，仍广泛使用，并成为当地夺取农业丰收的一个技术关键。

阅读链接

江南地区在历史上，实际上一直存在着两个土壤耕作系统，除了以犁、耙、耖为工具的畜力牵引耕作系统外，还有以铁搭为工具的人力耕作系统。

人们以铁搭代替耕牛耕地，以至于《沈氏农书》与《补农书》等史籍中很少有提到养牛的情况。只是到了近代这种趋势更趋严重。之所以如此，原因就在于人口压力所导致的土地零细化。

由于人均耕地面积减少且极为分散，因而单靠人力加简单的铁搭就足以胜任了，于是在这种情况下耕牛的使用也就变得没有必要。

先民们对农时的把握

黄河流域是中华文明的起源地之一,它地处北温带,四季分明,作物多为一年生,树木多为落叶树,并且农作物的萌芽、生长、开花、结实,与气候的年周期节奏是一致的。

在人们尚无法改变自然界大气候条件的古代,农事活动的程序不能不取决于气候变化的时序性。春耕、夏耘、秋收、冬藏早就成为人们的常识。古人也就依靠着这些常识,适时进行播种、管理和收获。

■ 孟子雕像

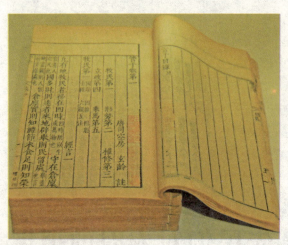

■ 古籍《管子》

战国时期，著名思想家孟子去见梁惠王。

梁惠王问孟子自己如何尽力治国，百姓遭灾时是如何尽力救济，为什么人口没有增加。

孟子认为，只是考虑如何去救灾，没有考虑到如何不违农时去发展农业生产，应该尽快抓紧时间促进生产，让人们过上温饱生活。

这就是"不违农时"这一成语的来历。

我国古代农时意识与自然条件的特殊性有关，也和精耕细作传统的形成有关。由于黄河流域的春旱多风，必须在春天解冻后短暂的适耕期内抓紧翻耕并抢栽播种。

《管子》书中屡有"春事二十五日"之说，春播期掌握成为农时的关键一环。

一般作物成熟的秋季往往是多雨易涝，收获不能不抓紧；再加上冬麦收获的夏季正值高温逼熟，时有大雨，更是"龙口夺食"。故古人有"收获如盗寇之至"之说。

黄河流域动物的生长和活动规律也深受季节变化制约。如上古畜禽驯化未久，仍保留某些野生时代形成的习性，一般在春天发情交配，古人深明于此，强调畜禽滋乳"不失其时"。

梁惠王（前400年—前319年），姬姓，名䓨，在《战国策》中作"婴"。魏武侯之子，称魏惠王。魏国第三代国君。在孟子见魏惠王前后，魏惠王曾用惠施为相，进行改革，制定新法。但他刚愎自用，志大才疏，终至人才的流失，魏国势日下。

大牲畜实行放牧和圈养相结合,一般是春分后出牧,秋分后归养,形成了制度,也是与自然界牧草的荣枯相适应。

随着精耕细作技术的发展和多种经营的开展,农时不断获得新的意义。如牛耕推广和旱地"耕、耙、耢"及防旱保墒耕作技术形成后,耕作可以和播种拉开,播种期也有了更大的选择余地,而播种和耕作最佳时机的掌握也更为细致了,土壤和作物等多种因素均需考虑。

如《氾胜之书》提出"种禾无期,因地为时"。北魏《齐民要术》则拟定了各种作物播种的"上时""中时"和"下时"。施肥要讲"时宜",排灌也要讲"时宜"。

如何充分利用可供作物生长的季节和农忙以外的"闲暇"时间,按照自然界的时序巧妙地安排各种生

> **精耕细作** 我国传统耕作的一种技术。主要体现在4个方面:一是借用牛力耕田,二是生产工具和劳动技术的不断提高,三是水利工程的完善和灌溉工具的发明,四是在小块土地上,靠精细的劳作和高投入增加亩产量,是精耕细作发展的主要动力。

■ 古代插秧场景

■ 春耕图

《物候历》又称《自然历》或《农事历》。即把一地区的自然物候、作物物候、害虫发生期和农事活动的多年观测资料进行整理，按出现日期排列成表。《物候历》的内容有日期、自然物候、作物生育期、虫害发生期及农事活动等。体现了同一地区各物候期的先后顺序。

产活动，成为一种很高的技巧。

我国古代人民主要是通过物候、星象、节气掌握农时，不过这有一个发展过程。

对气候的季节变化，最初人们不是根据对天象的观测，而是根据自然界生物和非生物对气候变化的反应，如草木的荣枯、鸟兽的出没、冰霜的凝消等所透露的信息去掌握它，作为从事农事活动的依据，这就是物候指时。

在我国一些保持或多或少原始农业成分的少数民族中，保留了以物候为农时主要指示器的习惯，有的甚至形成了物候计时体系《物候历》。中原地区远古时代也经历过这样一个阶段。

相传黄帝时代的少昊氏"以鸟名官"：玄鸟氏司春分、秋分；赵伯氏司夏至、冬至；青鸟氏司立春、立夏；丹鸟氏司立秋、立冬。

玄鸟是燕子，大抵春分来秋分去；赵伯是伯劳，大抵夏至来冬至去；青鸟是鸧鹅，大抵立春鸣，立夏止；丹鸟是鷩雉，大抵立秋来立冬去。

少昊氏以它们分别命名掌管春、夏、秋、冬的官员,说明远古时,确有把候鸟的来去鸣止作为季节标志的经验。

物候指时虽能比较准确反映气候的实际变化,但往往年无定时,月无定日,同一物候现象在不同地区不同年份出现早晚不一,作为较大范围的计时体系,显得过于粗疏和不稳定。于是,人们又转而求助于天象的观测。

据《史记·五帝本纪》记载。黄帝时代已开始"历法日月星辰"。当时测天活动是很普遍的,其流风余韵延至夏商周三代,后人有"三代以上,人人皆知天文"的说法。

人们在长期观测中发现,某些恒星在天空中出现的不同方位,与气候的季节变化规律吻合。如先秦道家及兵家著作《鹖冠子》中说到北斗星座:

斗柄东向,天下皆春;
斗柄南向,天下皆夏;
斗柄西向,天下皆秋;
斗柄北向,天下皆冬。

这俨然是一个天然的大时钟。

有人研究发现,我国远古时代曾实行过一种"火历",就是以"大火"即心宿二"昏见"为岁首,并视"大火"在太空中的不同位置确定季节与农时。但以恒星计时适于较长时段,如年

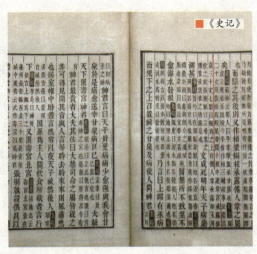

《史记》

度、季度。

由于有时观测天象也会遇到一定困难，较短时段计时的标志则不如月相变化明显，于是逐渐形成朔望月和回归年相结合的阴阳合历。

朔望月是以月亮圆缺的周期为一月，所谓回归年是以地球绕太阳公转一次为一年。但回归年与朔望月和日之间均不成整数的倍数，12个朔望月比一个回归年少11天左右，故需有大小月和置闰来协调。

■ 天文图

朔望月虽然便于计时，却难以反映气候的变化。于是人们又尝试把一个太阳年划分为若干较小的时段，一则是为了更细致具体地反映气候的变化，二则也是为了置闰的需要。探索的结果最后确定为二十四节气。

二十四节气是以土圭实测日晷为依据逐步形成的，不晚于春秋时。已出现的春、夏、秋、冬是它的8个基点，每两点间再均匀地划分3段，分别以相应的气象和物候现象命名。

二十四节气的系统记载始见于《周髀算经》和《淮南子》。它准确地反映了地球公转所形成的日地关系，与黄河流域一年中冷暖干湿的气候变化十分切合，比以月亮圆缺为依据制定的月份更便于对农事季

月相 天文学术语。在地球上所看到的月球被日光照亮部分的不同形象。是天文学中对于地球上看到的月球被太阳照明部分的称呼。随着月亮每天在星空中自西向东移动一大段距离，它的形状也在不断地变化着，这就是月亮位相变化，叫作月相。

节的掌握。它是我国农学指时方式的重大创造，至今对农业生产起着指导作用。

我国农学对农时的把握，不是单纯依赖一种手段，而是综合运用多种手段，形成一个指时的系统。如《尚书·尧典》把鸟、火、虚、昴4星在黄昏时的出现作为春夏秋冬四季的标志，同时也记录了四季鸟兽的动态变化。

再如《夏小正》和成书较晚但保留了不少古老内容的《礼记·月令》，都列出了每月的日月星辰运行的度次、气象和物候情况，作为安排农事和其他活动的依据，后者实际上还包含了二十四节气的大部分内容。这成为后来月令类农书的一种传统。

二十四节气的形成并没有排斥其他指时手段。在它形成的同时，人们又在上古物候知识积累的基础上，整理出与之配合使用的七十二候。丰富了我国传统农学的指时手段。

二十四节气作为我国传统农学的主要指时手段，

> **土圭** 我国最古老的计时仪器，是一种构造简单，直立于地上的杆子，用以观察太阳光投射的杆影，通过杆影移动规律、影的长短，以定冬至、夏至日。始于周代，到殷商时代测时已达到相当高的精度，其干支记日法一直沿用至今天。

■二十四节气表石刻

是和其他手段协同完成其任务的。

元代农学家王祯在其《农书》中记载：

> 二十八宿周天之变，十二辰日月之会，二十四气之推移，七十二候之变迁，如循之环，如轮之转，农桑之节，以此占之。

王祯还为此制作了"授时指掌活法图"，把星躔、节气、物候归纳于一图，并把月份按二十四节气固定下来，以此安排每月农事。

他又指出该图要结合各地具体情况灵活运用，不能拘泥成规，不知变通。这是对我国农学指时体系的一个总结。

人们无法改变自然界的大气候，但却可以利用自然界特殊的地形小气候，并进而按照人类的需要造成某种人工小气候。这是古代劳动人民的一大创造。

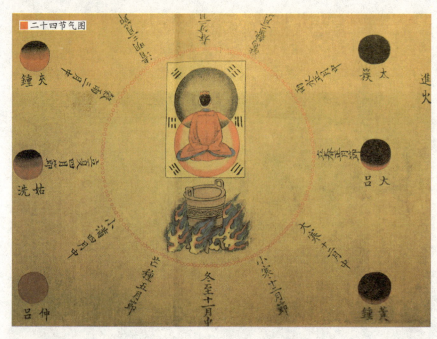

二十四节气图

古代温室花房

温室栽培最早出现在汉代宫廷中。比如汉元帝时的召信臣做温室种育出葱、韭菜等作物。这是世界上见于记载最早的温室。

类似的还有汉哀帝时的"四时之房",用来培育非黄河流域所产的"灵瑞嘉禽,丰卉殊木"。汉代温室栽培蔬菜可能已传到民间,有些富人也能吃到"冬葵温韭"了。

唐朝以前,苏州太湖、洞庭东西山人民利用当地湖泊小气候种植柑橘,成为我国东部沿海最北的柑橘产区。唐代官府利用附近的温泉水培育早熟瓜果。

唐代温室种菜规模不小,有时"司农"要供应冬菜。北宋都城汴梁的街市上,农历十二月份还到处摆卖韭黄、生菜、兰芽等。

王祯《农书》记载的风障育早韭、温室囤韭黄和冷床育菜苗等,也属于利用人工小气候的范围。

这种技术推广到花卉栽培,有所谓"堂花术"。凡是早放的花称堂花。南宋临安郊区马塍盛产各种花卉。

方法是纸糊密室,凿地为坎,坎上编竹,置花竹上,用牛溲硫磺培溉;然后置沸水于坎中,当水汽往上熏蒸时微微扇风,经一夜便可开花。难怪当时人称赞这种方法是"侔造化、通仙灵"了。

清代"鞭春牛"图

此外,对于反常气候造成的自然灾害,如水、旱、霜、雹、风等,人们也想出了各种避害的办法。其中之一就是暂时地、局部地改变农田小气候。

例如,果树在盛花期怕霜冻,人们在实践中懂得晚霜一般出现在湿度大、温度低之夜,将预先准备好的"恶草生粪"点着,让它暗燃生烟,以其烟气可使果树免遭霜冻。

这种办法在《齐民要术》中已有记载。清代平凉一带还施放枪炮以驱散冰雹,保护田苗。

阅读链接

二十四节气起源于黄河流域。远在春秋时期,就定出仲春、仲夏、仲秋和仲冬4个节气。以后不断地改进与完善,到秦汉时期,二十四节气已完全确立。

公元前104年,汉武帝责成邓平、落下闳等人编写了《太初历》,正式把二十四节气定于历法,明确了二十四节气的天文位置。

节气是华夏祖先历经千百年的实践创造出来的宝贵科学遗产,是反映天气气候和物候变化、掌握农事季节的工具。人们编出了二十四节气歌诀,方便记忆,也便于指导农时。

农家帮手

农具发明

在我国几千年的文明史上,农业在整个生产中都占有重要地位。随着社会经济的发展,为了增加产量,提高劳动生产率,劳动人民发明创造了多种多样的农业生产工具,不但数量多,而且在时间上也比较早。

我国农业历史悠久,地域广阔,民族众多,农具丰富多彩。就各个地域、不同的环境、相应不同的农业生产而言,使用的农具又有各自的适用范围与局限性。

在这样的情况下,历朝历代农具都有所创新、改造,为人类文明进步做出了贡献。

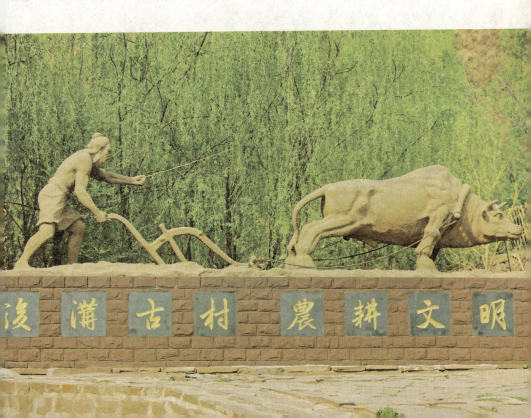

古代农具发展与演变

农具是农民在从事农业生产过程中用来改变劳动对象的器具。我国古代农具具有就地取材、轻巧灵便、一具多用、适用性广等特点。

就农具的材料来看，古代农具的发展，大致有石器阶段的石斧、石铲、石镰、石磨盘，铜器阶段的锸、铲、钁、镰和铚，以及铁器阶段的耜和铫等。

铁农具的使用是农业生产上的一个重要转折点，铁质农具坚硬耐用，大大提高了生产效率，使大面积农田得以开垦，促进了农业的发展。

■ 石器时代的工具

■石斧

　传说，炎帝和大家一起围猎野猪，来到一片林地。林地里，凶猛的野猪正在拱土，长长的嘴巴伸进泥土，一撅一撅地把土供起。一路拱过，留下一片被翻过的松土。

　野猪拱土的情形，给炎帝留下很深的印象。能不能做一件工具，依照这个方法翻松土地呢？

　经过反复琢磨，炎帝在刺穴用的尖木棒下部横着绑上一段短木，先将尖木棒插在地上。再用脚踩在横木上加力，让木尖插入泥土，然后将木柄往身边扳，尖木随之将土块撬起。这样连续操作，便翻耕出一片松地。

　这一改进，不仅深翻了土地，改善了地力，而且将种植由穴播变为条播，使谷物的产量大大增加。这种加上横木的工具，史籍上称之为"耒"。

　在翻土过程中，炎帝发现弯曲的耒柄比直直的耒柄用起来更省力，于是他将"耒"的木柄用火烤成省力的弯度，成为曲柄，使劳动强度大大减轻。为了多翻土地，后来又将木"耒"的一个尖头改为两个，成为"双齿耒"。

■ 石耙

经过不断改进，在松软土地上翻地的木耒，尖头又被做成扁形，成为板状刃，叫"木耜"。"木耜"的刃口在前，破土的阻力大为减小，还可以连续推进。

木质板刃不耐磨，容易损坏。人们又逐步将木耜改成石质、骨质或陶质。

当时人们改造自然的能力很低，只能就地取材来制作工具。遍地皆是随手可得而且又相当坚硬的石块，便成了当时最理想的工具材料。

当时加工石器农具的方法是用打击法，即用石块碰击石块，使其出现一定的形状。加工成的工具，大致可分为砍砸器、刮削器、尖状器3类，在北京周口店发现的距今近70万年的北京猿人所使用的就是这种石器。

这种石器都出现于农业发明以前，人们将它称之为旧石器。这些工具制作都相当粗糙，但这是我们祖先制作工具改造自然的开端，在推动历史的前进中有其重要的地位。

大约到了距今约1万年时，先民们学会了磨制和钻孔技术，并将这些技术用于石器加工上，从而出现了一批外表光滑，有一定形状的工具。这种工具人们称之为新石器，以区别于以前的旧石器。

北京猿人 北京猿人遗址，发现地位于北京市西南房山区周口店龙骨山。北京猿人大约在70万年前来到周口店，在这里生活了近50万年。到约20万年前，北京猿人才离此而去。北京猿人的颧骨较高。脑量平均仅1075毫升。身材粗短，男性高约156至157厘米，女性约144厘米。腿短臂长，头部前倾。

河南省新郑裴李岗遗址中，出土的距今约8000年的石斧、石铲、石镰、石磨盘等农业工具，都磨制得相当光滑，而且有明显的专用性。

在新石器时期，人们除了磨制石器以外，还使用木器、骨器、蚌器和陶器。在浙江省余姚河姆渡新石器遗址中出土的骨耜，就是一种典型的骨质挖土工具。只是当时使用的工具一般以石器为主，所以人们习惯将这一时期称为新石器时期。

铜农具主要使用于商周时代。铜在新石器时期的晚期已经在我国出现，但人们有意识地将红铜和锡按一定比例冶炼成青铜则是在夏代。将青铜制成农具使用，则是在商、周时期。

在商周时代的遗址中发现的青铜农具已有锸、铲、钁、镰和铚等多种，在郑州和安阳的商代遗址中还发现有钁范。

《诗经·周颂·臣工》中还有"庤乃钱，镈奄观铚艾"的诗句。诗中的钱、镈是中耕农具，铚是收割农具，字都从金，表示这些农具都是用青铜制造的，这是我国有关金属农具最早的文字记载。

青铜农具的出现，是我国农具材料上的一次重大

骨耜 是用偶蹄类动物的肩胛骨制成的。其上端柄部厚而窄，下端刃部薄而宽。柄部凿一横孔，刃部凿两竖孔。横孔插入一根横木，用藤条捆绑固定。两竖孔中间安上木柄，再用藤条捆绑固定。这样，一件骨耜就制造出来了。骨耜的使用，充分地显示了河姆渡人的聪明智慧。

■ 石耜

> **管仲**（前725年—前645年），姬姓，管氏，名夷吾，字仲，谥敬，被称为管子、管夷吾、管敬仲。东周春秋时代齐国的政治家、哲学家、经友人鲍叔牙力荐，为齐国上卿即丞相，有"春秋第一相"之誉，辅佐齐桓公成为春秋时期第一霸主，所以又说"管夷吾举于士"。

的突破，从此金属农具开始代替了木石农具。

青铜农具比石、木、骨、蚌农具锋利轻巧，硬度也高，在提高劳动效率，推进农业生产的发展方面，具有重要的作用。因此，青铜农具的出现和使用，是商周时期农具明显进步的重要标志。

商周时期，青铜被人们视为珍品，奴隶主主要用来做食器、兵器和礼器，而不愿用它来制造消耗量很大的农具。此外，由于铜的来源有限，以及青铜制作比较困难等，也决定了青铜不能完全代替石器而一统天下。

铁农具的运用是封建社会的主要特点，最早出现在春秋战国时代，也就是我国由奴隶社会向封建社会转变的时期。

■ 汉代青铜镰刀

《国语·齐语》中记载，管仲曾对齐桓公说："美金以铸剑戟，试诸狗马，恶金以铸锄、夷、斤、斸，试诸壤土。"文中的"美金"是指青铜，当时用以制武器；恶金是指铁，用以制斤、斧等农具，说明至少在春秋中期，齐国已使用铁农具。

到战国时铁农具的使用已相当普遍。《管子·海王》说："耕者必有一耒、一耜、一铫，若其事立。"反映了铁农具已为农户所必备。

战国铁锄

据考古发掘，在今河北、河南、陕西、山西、内蒙古、辽宁、山东、四川、云南、湖北、湖南、安徽、江苏、浙江、广东、广西、天津等省市，都有战国时期的铁农具出土，这就说明了铁农具至战国时期已日趋普及。到汉代时，铁农具已成为我国主要的农业生产工具并大加推广。

铁器的使用，使大规模地扩大耕地面积，开发山林、兴建水利工程成为可能，从而促进了耕作技术的提高和农业生产的发展。

从这以后，2000多年来，铁农具便一直成为我国最主要的农具。

阅读链接

我国古代农用动力的种类除了人力这种最早使用的自然动力外，还用到牛、马、风力等自然力。

春秋战国时期，畜力开始被用到农业生产上的是牛。当时将宗庙中作牺牲用的牛用以田间耕作了。

马作为农耕畜力主要始于汉代，在《盐铁论》有记载："农夫以马耕载"，马"行则就扼，止则就犁"，这就是使用马耕的证明。

风力在农业上的运用始见于元代，当时有灌溉用的风车和加工粮食的风磨，以后风车有了发展，成了农业灌溉中的主要动力。

汉唐以来创制的耕犁

■ 汉代铁犁头

汉唐时期都曾出现一些太平盛世景象,为经济的发展提供了良好的社会环境。汉唐两朝都十分重视生产工具的改革,出现了很多具有划时代意义的农具。

汉代犁具得到发展,赵过发明了三脚耧车和耦犁;唐代制成曲辕犁。唐代曲辕犁影响了宋元以后耕犁的形式。

赵过是汉武帝时的农学家。他总结劳动人民经验并吸收前代播种工具的长处，发明了三脚耧车，大大提高了播种效率。汉武帝曾经下令在全国范围内推广这种先进的播种机。

汉代三脚耧，它的构造是这样的：下面3个小的铁铧是开沟用的，叫作耧脚，后部中间是空的，两脚之间的距离是一垅。

■ 三脚耧车模型

3根木质的中空的耧腿，下端嵌入耧铧的銎里，上端和籽粒槽相通。籽粒槽下部前面由一个长方形的开口和前面的耧斗相通。

耧斗的后部下方有一个开口，活装着一块闸板，用一个楔子管紧。为了防止种子在开口处阻塞，在耧柄的一个支柱上悬挂一根竹签，竹签前端伸入耧斗下部系牢，中间缚上一块铁块。耧两边有两辕，相距可容一牛。后面有耧柄。

播种前，要根据种子的种类、籽粒的大小、土壤的干湿等情况，调节好耧斗开口的闸板，使种子在一定的时间流出的多少刚好合适。然后把要播种的种子放入耧斗里，用牛拉着，一人牵牛，一人扶耧。

扶耧人控制耧柄的高低，来调节耧脚入土的深浅，同时也就调整了播种的深浅，一边走一边摇，种子自动地从耧斗中流出，分3股经耧腿再经耧铧的下

赵过 （前140年—前87年），西汉农学家。他为我国早期的农业生产做出了巨大的贡献。因为他的农业改进，使许多农民在一定程度上减轻了负担。我国作为一个人口、农业大国，赵过在我国农业史上的贡献是巨大的。

■ 三脚耧车

方播入土壤。

在耧后边的木框上，用两股绳子悬挂一根方形木棒，横放在播种的垅上，随着耧前进，自动把土耙平，把种子覆盖在土下，这样一次就把开沟、下种、覆盖的任务完成了。再另外用砘子压实，使种子和土紧密地附在一起，发芽生长。

后来最新式的播种机的全部功能也不过把开沟、下种、覆盖、压实4道工序接连完成，而我国2000多年前的三脚耧，早已把前3道工序连在一起，由同一机械来完成。在当时能够创造出这样先进的播种机，确实是一项很重大的成就。这是我国古代在农业机械方面的重大发明之一。

赵过还在推行代田法的同时，发明了二牛耦耕的耦犁。就是由二牛合犋牵引、3人操作的一种耕犁。

代田法 是西汉武帝时期的农业技术改革家赵过发明的新耕作法。由于在同一地块上作物种植的田垄隔年代换，所以称作代田法。它在用地养地、合理施肥、抗旱、保墒、防倒伏、光能利用、改善田间小气候诸方面多建树，是后世进行耕作制度改革的先驱和祖师。

其操作方法是一人牵牛,一人掌犁辕,以调节耕地的深浅,一人扶犁。这种犁犁铧较大,增加了犁壁,深耕和翻土、培垄一次进行,可以耕出代田法所要求的深一尺、宽一尺的犁沟。

2牛3人进行耕作,在一个耕作季节可管5顷田的翻耕任务。耕作速度快,不至耽误农时。此后,耦犁构造有所改进,出现了活动式犁箭以控制犁地深浅,不再需人掌辕。

驶牛技术的娴熟,又可不再需人牵牛。耦犁对汉武帝朝农业生产的发展无疑起了促进作用。

汉代耕犁已基本定型,但汉代的犁是长直辕犁,耕地时回头转弯不够灵活,起土费力,效率不很高。

北魏贾思勰的《齐民要术》中提到长曲辕犁和"蔚犁",但因记载不详,只能推测为短辕犁。直到唐代出现了长曲辕犁,才克服了汉犁的弊端。

唐代曲辕犁又称江东犁。它最早出现于唐代后期的东江地区,它的出现是我国耕作农具成熟的标志。

唐代末年著名文学家陆龟蒙《耒耜经》记载,曲辕犁由11个部件

农耕图

陆龟蒙（？—881年），字鲁望，别号天随子、江湖散人、甫里先生。唐代农学家、文学家。他的小品文主要收在《笠泽丛书》中，现实针对性强，议论也颇精切，如《野庙碑》《记稻鼠》等。陆龟蒙与皮日休交友，世称"皮陆"，诗以写景咏物为多。

组成，即犁铧、犁壁、犁底、压镵、策额、犁箭、犁辕、犁梢、犁评、犁建和犁盘。

这些部件都各有特殊的功能和合理的形式。犁壁在犁镵之上，它们是成一个曲面的复合装置，用来起土翻土的。犁底和压镵把犁头紧紧地固定下来，增强犁的稳定性。策额是捍卫犁壁的。

犁箭和犁评是调节犁地深浅的装置，通过调整犁评和犁箭，使犁辕和犁床之间的夹角张大或缩小，这样就使犁头深入或浅出。犁梢掌握耕地的宽窄。犁辕是短辕曲辕，辕头又有可以转动的犁盘，牲畜是用套耕索来挽犁的。

整个耕犁是相当完备、相当先进的，也很轻巧，耕地的时候回头转弯都很灵便，而且入土深浅容易控制，起土省力，效率比较高。

唐代曲辕犁不仅有精巧的设计，并且还符合一定的美学规律，有一定的审美价值。

唐代曲辕犁反映了中华民族的创造力，不仅有着

■ 曲辕犁

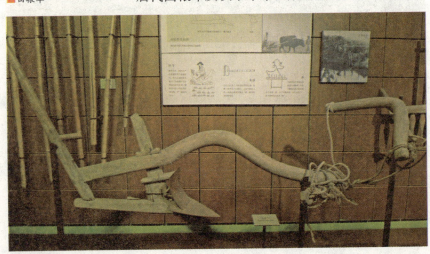

■曲辕犁

精巧的设计,精湛的技术,还蕴含着一些美学规律,其历史意义、社会意义影响深远。在现在的农具设计中,曲辕犁仍有着很好的借鉴意义。

宋元以后,耕犁的形式更加多样化,各地创造了很多新式的耕犁。南方水田用犁镜,北方旱地用犁铧,耕种草莽用犁镑,开垦芦苇蒿莱等荒地用犁刀,耕种海边地用耧锄。

根据史料记载,在整个古代社会,我国耕犁的发展水平一直处于世界农业技术发展的前列。

阅读链接

我国大约自商代起已使用耕牛拉犁,木身石铧。战国时期,又在木犁铧上套上了"V"字形铁刃,俗称铁口犁。犁架变小,轻便灵活,更可以调节深浅,大大提高了耕作效率。

这两项技术都早于欧洲。前者,欧洲农夫在公元前500年造出了铁犁,犁前有两个轮子和一个犁刃,即犁铧;后者,欧洲人于1700年开始用罗瑟兰犁、兰塞姆金铁犁和播种机。

总之,犁的发明、应用和发展,凝聚了中国人和世界其他各位发明家的心血,并显现了他们的智慧。

灌溉的机械龙骨水车

龙骨水车亦称"翻车""踏车""水车"。是我国古代最著名的农业灌溉机械之一。因其形状犹如龙骨,故名"龙骨水车"。

后世又有利用流水作动力的水转龙骨车,利用牛拉使齿轮转动的牛拉翻车,以及利用风力转动的风转翻车。广东等地用手摇的较轻便,用于田间水沟,称"手摇拔车"。

■ 古代灌溉设施

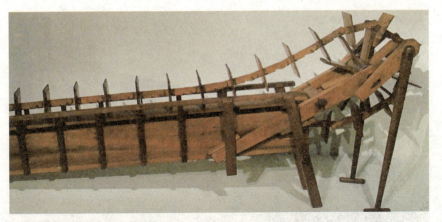

■ 魏晋时期的翻车模型

东汉末年的马钧在魏国做一个小官,经常住在京城洛阳。当时在洛阳城里,有一大块坡地非常适合种蔬菜,老百姓很想把这块土地开辟成菜园,可惜因无法引水浇地,一直空闲着。

马钧看到后,就下决心要解决灌溉上的困难。于是,他就在机械上动脑筋。经过反复研究、试验,他终于创造出一种翻车,把河里的水引上了土坡,实现了老百姓的多年愿望。

人力龙骨水车是以人力做动力,多用脚踏,也有用手摇的。元代王祯《农书》和清代学者完颜麟庆《河工器具图说》中关于龙骨车的叙述比较详细。

它的构造除压栏和列槛桩外,车身用木板作槽,长两丈,宽4寸至7寸不等,高约1尺,槽中架设行道板一条,和槽的宽窄一样,比槽板两端各短1尺,用来安置大小轮轴。

在行道板的上下处,通周由一节一节的龙骨板叶用木销子连接起来,这很像龙的骨架,所以名叫"龙骨车"。

完颜麟庆(1791年—1846年),字伯余,别字振祥,号见亭,镶黄旗人。清代官员、学者。嘉庆十四年,即1809年进士。道光年间官江南河道总督10年,蓄清刷黄,筑坝建闸。麟庆生平涉历之事,各为记,记必有图,称《鸿雪因缘记》,又有《黄运河口古今图说》《河工器具图说》和《凝香宝集》。

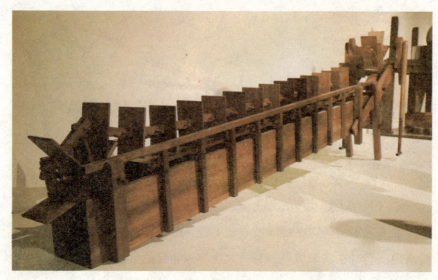

■ 马钧发明的翻车

人力龙骨水车因为用人力，它的汲水量不够大，但是凡临水的地方都可以使用，可以两个人同踏或摇，也可以只一个人踏或摇，很方便，深受人们的欢迎，是应用很广的农业灌溉机械。

马钧的翻车，是当时世界上最先进的生产工具之一，从那时起，一直被我国乡村历代所沿用，发挥着巨大的作用。

元代王祯在他的《农书》上记载了水转龙骨水车的装置。

水车部分完全和以前的各种水车相同。它的动力机械装在水流湍急的河边，先树立一个大木架，大木架中央竖立一根转轴，轴上装有上、下两个大卧轮。下卧轮是水轮，在水轮上装有若干板叶，以便借水的冲击使水轮转动。

上卧轮是一个大齿轮，和水车上端轴上的竖齿轮相衔接。把水车装在河岸边挖的一条深沟里，流水冲

马钧 字德衡，扶风人，即现在的陕西兴平，生活在东汉末年。是我国古代科技史上最负盛名的机械发明家之一。马钧精于巧思，在指南车制成后，他又奉诏制木偶百戏，称"水转百戏"。接着马钧又改造了织绫机，提高工效四五倍。马钧还研制了用于农业灌溉的工具龙骨水车。

击水轮转动，卧齿轮带动水车轴上的竖齿轮转动，也就带动水车转动，把水从河中深沟里车上岸来，流入田间，灌溉庄稼。

如果水源的地势比较高，可以做大的立式水轮，直接安装在水车的转轴上，带动水车转动，这样可以省去两个大齿轮。

水转龙骨水车是元代机械制造方面一个巨大的进步，也是利用自然力造福人类的一项重大成就。

由于龙骨水车结构合理，可靠实用，所以能一代代流传下来。直到近代，龙骨水车作为灌溉机具已被电动水泵取代了，然而这种水车链轮传动、翻板提升的工作原理，却有着不朽的生命力。

马钧的翻车主要是利用人力转动轮轴灌水，后来由于轮轴的发展和机械制造技术的进步，在此基础上发明了以畜力、风力和水力为动力的龙骨水车，并且在全国各地广泛使用。

元末明初，萧山曾出现过一位奇人，他就是发明牛转龙骨水车，得到明太祖嘉许的单俊良。

单俊良年幼时，有一天，他正在唐家桥畔钓鱼，忽见一老翁向他走来，便起身道安。礼毕，继续垂钓。

明太祖（1328年—1398年），朱元璋，字国瑞，原名朱重八，后取名为兴宗。明代濠州钟离人。他是明代的开国皇帝，谥号"开天行道肇纪立极大圣至神仁文义武俊德成功高皇帝"，庙号太祖。他在位期间，努力恢复发展生产，整治贪官，其统治时期被称为"洪武之治"。

■ 龙骨水车

水碓 又称机碓、水捣器、翻车碓或鼓碓水碓，是脚踏碓机械化的结果。其动力机械是立式水轮，轮上装板叶，转轴上装拨板，依靠拨板来拨动碓杆。碓杆一端装圆锥形石头，下面石臼里放稻谷。流水冲击水轮使它转动，拨板拨动碓杆，使碓头一起一落地进行舂米。利用水碓，可以日夜加工粮食。

老翁望着这位懂礼节的孩子，不住地颔首微笑说："孺子可教也，望能造福乡里。"并从怀中取出一书，交给了他。未等单俊良道谢，老翁便隐去。

单俊良手捧宝书，爱不释手，哪里还有心思钓鱼，便收拾钓具回家。此后，他整天埋头苦读，学识日渐长进。

明初，由于农业生产的需要，已从戽水灌田发展到普遍使用脚踏或手牵龙骨水车引水灌田。但是，劳作极为辛苦，而且灌溉效率也不高。每遇天旱，更不能救急。

单俊良从山区居民引溪水冲击水碓大木轮转动石杵、舂米打料受到启发，试制一种用畜力替代人力的水车，来减轻农民的劳动强度。经过反复试验，不断琢磨，终于发明了牛转水车。

■ 魏晋时期的翻车

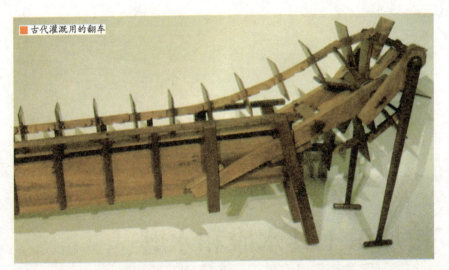

古代灌溉用的翻车

这种水车，运用齿轮变速的原理，由牛拉动木质转盘，通过大齿轮，把动力传到装在水车头上的小齿轮上，大齿轮转一圈，小齿轮就可转上数圈，紧扣小齿轮的龙骨车板就把河水连续戽上来。

这一新型灌溉农具的使用，是我国农具史上的一次革新，不仅大大减轻了江南农民的劳动强度，也提高了灌溉效率。

不久，地方政府将这种牛转龙骨水车绘成图纸，送给朝廷。明太祖看到后称赞不已，专下诏书，加以推广。这样，牛转龙骨水车很快在江南农村推广普及。

阅读链接

水车是我国最古老的农业灌溉工具，是先人们在征服世界的过程中创造出来的高超劳动技艺，是珍贵的历史文化遗产。

汉代造出水车后，三国时孔明曾经把它改造和完善，然后在蜀国推广使用，被称为"孔明车"。这一灌溉农具灌溉了大片蜀国的农田，为当时经济的发展起到了至关重要的作用。

随着农业机械化、现代化的发展，"孔明车"已近绝迹。但在人类文明的历史长河中，"孔明车"毕竟创造过，奉献过，辉煌过。

粮加工工具水碓和水磨

谷物收获脱粒以后,要加工成米或面才能食用。我国古代在粮食加工方面发明了用水力做动力的水碓和水磨。

水碓是利用水力舂米的机械,水磨是一种古老的磨面粉工具。这些机械效率高,应用广,是农业机械方面的重要发明。

水碓作为千百年流传下来的古老机械加工方式,凝结了大自然的力量与先人的智慧,为古人加工粮食提供了便利。

■ 水碓浮雕

■ 汉代的连击水碓模型

西汉学者桓谭在他的《桓子新论》里，最早记载了水碓这种利用水力舂米的机械。

水碓的动力机械是一个大的立式水轮，轮上装有若干板叶，轮轴长短不一，看带动的碓的多少而定。

转轴上装有一些彼此错开的拨板，一个碓有4块拨板，4个碓就要16块拨板。拨板是用来拨动碓杆的。每个碓用柱子架起一根木杆，杆的一端装一块圆锥形石头。

下面的石臼里放上准备要加工的稻谷。流水冲击水轮使它转动，轴上的拨板就拨动碓杆的梢，使碓头一起一落地进行舂米。利用水碓，可以日夜加工。

凡在溪流江河的岸边都可以设置水碓。根据水势的高低大小，人们采取一些不同的措施。如果水势比较小，可以用木板挡水，使水从旁边流经水轮，这样可以加大水流的速度，增强冲击力。

桓谭（前23年—50年），字君山，沛国相人，即现在的安徽濉溪县西北。东汉哲学家、经学家、琴家。爱好音律，善鼓琴，博学多通，遍习五经。桓谭的《桓子新论》很受时人和后世学者重视。稍晚的王充很推许《桓子新论》，给予很高的评价。

■ 连机水碓

水碓在西晋时期有了改进。西晋时期著名的政治家、军事家和学者杜预，总结了我国劳动人民利用水排原理加工粮食的经验，发明了连机碓。

带动碓的多少可以按水力的大小来定，水力大的地方可以多装几个，水力小的地方就少装几个。设置两个碓以上的叫作连机碓，常用的都是连机碓，一般都是4个碓。

杜预连机碓的构造大概是水轮的横轴穿着4根短横木，与轴成直角，旁边的架上装着4根舂谷物的碓梢，横轴上的短横木转动时，碰到碓梢的末端。

对它施压，另一头就翘起来，短横木转了过去，翘起的一头就落下来，4根短横木连续不断地打着相应的碓梢，一起一落地舂米。

入唐以后，水碓记载更多，其用途也逐渐推广。大凡需要捣碎之物，如药物、香料，乃至矿石、竹篾

杜预（222年—285年），字元凯，京兆杜陵人，位于现在的陕西西安东南地区。西晋时期著名的政治家、军事家和学者，灭吴统一战争的统帅之一。博学多通，多有建树，被誉为"杜武库"。著有《春秋左氏经传集解》及《春秋释例》等。

纸浆等，皆可用省力功大的水碓。

之后不久，水磨又根据此原理被发明了。南北朝时期科学家祖冲之造水碓磨，可能是一个大水轮同时驱动水碓与水磨的机械。

磨，是把米、麦、豆等加工成面的机械。磨有用人力的、畜力的和水力的。舂米工具由杵臼到脚踏碓到水力碓的进步，特别是多个齿轮连带转动的连磨的利用等，都较过去大大提高了效率。

我国在春秋时期就出现了简单的粉碎工具杵臼。杵臼进一步演变为汉代脚踏碓。这些工具运用杠杆原理，具备了破碎机械的雏形，但粉碎动作是间歇的。

最早采用连续粉碎动作的破碎机械，是春秋末期由鲁班发明的畜力磨，这是一种效率很高的磨。

磨用两块有一定厚度的扁圆柱形的石头制成，这两块石头叫作磨扇。下扇中间装有一个短的立轴，上扇中间有一个相应的空套，两扇相合以后，上扇可以绕轴转动。

两扇相对的一面，留有一个空膛，叫磨膛，膛外周制成一起一伏的磨齿。

上扇有磨眼。磨面的时候，谷物通过磨眼流入磨膛，均匀地分布在四周，被磨成粉末，从夹缝中流到磨盘上，过罗筛去麸皮等就得到面粉。

用水力作为动力的磨，

> 祖冲之（429年—500年），字文远。祖籍范阳郡道县，即今河北涞水县。南北朝时期杰出的科学家。他的主要成就是把圆周率推算到小数点后7位，人们用他的名字命名为"祖冲之圆周率"，简称"祖率"。他还创立了《大明历》，是当时世界上最先进的历法。

■ 南北朝时期科学家祖冲之造水碓磨

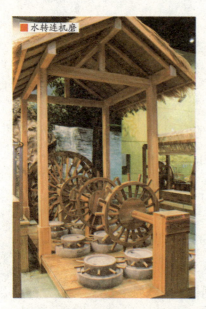

水转连机磨

它的动力部分是一个卧式水轮,在立轴上安装上扇,流水冲动水轮带动磨转动。

随着机械制造技术的进步,后来人们发明了一种构造比较复杂的水磨,一个水轮能带动几个磨同时转动,这种水磨叫作水转连机磨。

王祯《农书》上有关于水转连机磨的记载。这种水力加工机械的水轮又高又宽,是立轮,须用急流大水冲动水轮。轮轴很粗,长度要适中。在轴上相隔一定的距离,安装3个齿轮,每个齿轮和一个磨上的齿轮相衔接,中间的3个磨又和各自旁边的两个磨的木齿相接。

水轮转动通过齿轮带动中间的磨,中间的磨一转,又通过磨上的木齿带动旁边的磨。这样,一个水轮能带动9个磨同时工作。

上述这些粮食机械除用于谷物加工外,还扩展到其他物料的粉碎作业上。是我国古人智慧的结晶,也是人类文明史进步的标志。

阅读链接

先进农机具的发明和采用是我国古代农业发达的重要条件之一。《世本》说鲁班制作了石磨,《物原·器原》又说他制作了砻、磨、碾子,这些粮食加工机械在当时是很先进的。另外,《古史考》记载鲁班制作了铲。

鲁班除了发明粮食加工机械,还在木工工具、兵器、仿生机械、雕刻、土木建筑等方面有许多发明。当然,有些传说可能与史实有出入,但却歌颂了我国古代工匠的聪明才智。鲁班被视为技艺高超的工匠的化身,更被土木工匠尊为祖师。

农业工程

溉田造地

水是农业的命脉,土是农业生产的基础。这两者均可利用工程手段对之进行合理开发、利用和保护,以利于发展农业生产。我国古代在水土利用方面,修建了许多重要工程,做出了举世瞩目的成就。

古代农田水利工程最主要的作用就是灌溉,是粮食产量的根本保证。郑国渠和白渠、都江堰等都是著名的水利工程。

古人在土地开发利用的智慧同样不可低估,不仅开发山地,修建了梯田,还对河湖滩地、水面、干旱地区的土地加以利用,取得了巨大成效。

辉煌的古代农田水利工程

我国农田水利建设,历史十分悠久,从夏禹治水算起,至今已有4000年了。在漫长的历史发展过程中,我国农田水利建设取得了举世瞩目的成就。

由于我国的地势复杂,各地所要解决的水利问题有所不同,因而在我国的农田水利建设中,出现了多种多样的水利工程。如渠系工程、陂塘工程、塘泊工程等。它们在农田灌溉上发挥了重要的历史性作用。

■ 大禹塑像

传说在原始社会末期的尧舜时期，我国黄河流域发生了一次大洪水。当时滔滔洪水，浩浩荡荡，包围了高山，吞没了田园，九州大地汪洋一片。

大禹三过家门而不入

面对滔滔洪水，禹一面带头参加治河劳动，艰苦地劳动，一面进行调查和测量。在这个基础上，他总结了前人治水失败的教训，将治水的重点放在疏导方面。

禹根据水流运动的规律，因势利导，开通河川，将洪水排入河川，引入大海。

在禹的领导下，经过13年左右的努力，人们终于战胜了洪水的为害，平息了水患。

这13年，禹三过家门而不入，没有因为恋家而忘了治水，表现了他公而忘私，一心治水，为民除害的高大形象。

夏禹治水，是我国人民大规模进行水利建设的开端，它是古代人民与大自然顽强搏斗的象征。因此，后世的人们更加注重水资源的利用，建设了许多农田水利工程。诸如渠系工程、陂塘蓄水工程、陂渠串联、圩田工程、堤垸工程、淀泊工程、海塘工程等。

渠系工程主要应用于平原地区，水利多以蓄、灌为主。早在战国时期，这种工程已经出现，以后一直沿用，这是我国农田水利建设中运用最普遍的一种工程。

渠系工程最著名的有关中的郑国渠和白渠、临漳的漳水十二渠、四川都江堰、北京戾陵堰、宁夏艾山渠、河套引黄灌溉、内蒙古灌

■ 人工渠风光

郑国 战国时期卓越的水利专家。郑国曾任韩国管理水利事务的水工，参与过治理荥泽水患以及整修鸿沟之渠等水利工程。郑国渠修建之后，关中成为天下粮仓，赢得了"天府之国"的美名。郑国渠和都江堰、灵渠并称为秦代三大水利工程。

区、宁夏灌区等。相对来说，其中的郑国渠和白渠、四川都江堰灌溉工程的影响更为深远。

郑国渠兴建于公元前246年，由韩国水工郑国主持兴建。

郑国渠西引泾水，东注洛水，干渠全长约150千米，灌溉面积扩大到40000余顷。由于郑国渠引用的泾水挟带有大量淤泥，用它进行灌溉又起到淤灌压碱和培肥土壤的作用，使这一带的"泽卤之地"又得到了改良，关中因而成为沃野。

后来"秦以富强，卒并诸侯"。在秦统一六国中，郑国渠起了重要作用。

白渠为汉武帝时修建，位于郑国渠之南，走向与郑国渠大体平行。

白渠西引泾水，东注渭水，全长约100千米，灌溉面积4500多顷。此后人们将它与郑国渠合称为郑白渠，可见郑白渠的修建，对关中平原的农业生产和经济的发展起了重要作用。

除此之外，在关中平原上修的灌渠，还有辅助郑国渠灌溉的六辅渠，其中引洛水灌溉的龙首渠，在施工方法上又有重大的创新。

龙首渠在施工中要经过商颜山，由于山高土松，挖明渠要深达40多丈，很容易发生塌方，因此改明渠为暗渠。

先在地面打竖井，到一定深度后，再在地下挖渠道，相隔一定距离凿一眼井，使井下渠道相通。这样，既防止了塌方，又增加了工作面，加快了进度。

这是我国水工技术上的一个重大创造，后来这一方法传入新疆便发展成了当地的独特灌溉形式坎儿井。

四川都江堰古称"湔堋""湔堰""金堤""都安大堰"，到宋代才称都江堰。

都江堰位于岷江中游灌县境内，岷江从上游高山峡谷进入平原，

渠道峡谷

■ 都江堰安澜桥

李冰 战国时代著名的水利工程专家。秦昭王时任蜀郡太守。其间，他征发民工在岷江流域兴办许多水利工程，其中以他和其子一同主持修建的都江堰水利工程最为著名。几千年来，该工程为成都平原成为天府之国奠定了坚实的基础。

流速减慢，挟带的大量沙石，随即沉积下来，淤塞河道，时常泛滥成灾。

秦昭王后期，派李冰为蜀守，李冰是我国古代著名的水利专家。他到任以后，就主持修建了这项有名的都江堰水利工程。工程主要由分水鱼嘴、宝瓶口和飞沙堰组成，分水鱼嘴是在岷江中修筑的分水堰，把岷江一分为二。

外江为岷江主流，内江供灌渠用水。宝瓶口是控制内江流量的咽喉，其左为玉垒山，右为离堆，此处岩石坚硬，开凿困难。

为了开凿宝瓶口，当时人们采用火烧岩石，再泼冷水或醋，使岩石在热胀冷缩中破裂的办法，将它开挖出来的。

飞沙堰修在鱼嘴和宝瓶口之间，起溢洪和排沙卵石的作用。洪水时，内江过量的水从堰顶溢入外江。

同时把挟带的大量河卵石排到外江，减少了灌溉渠道的淤积。

由于都江堰位于扇形的成都冲积平原的最高点，所以自流灌溉的面积很大，取得了溉田万顷的效果。成都平原从此变成了"水旱从人，不知饥馑"的"天府之国"。

都江堰不仅设计合理，而且还有一套合理的管理养护制度，提出了"深淘滩，低作堰"的养护维修办法。在技术上还发明了竹笼法、杩槎法，在截流上具有就地取材、灵活机动、易于维修的优点。

这项水利工程一直在发挥其良好的效益。这充分体现了我国古代劳动人民的聪明才智。

陂塘蓄水工程一般都在丘陵山区，工程的主要目的是蓄水以备灌溉，同时也起着分洪防洪的作用。历史上著名的陂塘蓄水工程有安徽省寿县的芍陂和浙江省绍兴鉴湖。

安徽寿县的芍陂建于春秋时期，是我国最早最大的一项陂塘蓄水工程，为楚国令尹孙叔敖所建。

芍陂是利用这一地区，东、南、西三面高，北面低的地势，以淠水与肥水为水源，而形成的一座人工蓄水库，库有5个水门，以便蓄积和灌溉。

都江堰风光

马臻（88年—141年），字叔荐，扶风茂陵人，也就是现在的陕西兴平。东汉的水利专家，是汉和帝时最后一位会稽太守。马臻参与泗涌湖的施工，为会稽归治山阴提供了前提条件。马臻创立鉴湖，是长江以南最古老的一个陂塘蓄水灌溉工程。

全陂周围60千米，到晋时仍灌溉良田万余顷，它在当时对灌溉、防洪、航运等都起了重要的作用。现在安徽的安丰塘，就是芍陂淤缩后的遗迹。

绍兴鉴湖又称镜湖，位于浙江省绍兴县境内。东汉时会稽太守马臻主持修筑。

绍兴在鉴湖未建成以前，北面常受钱塘大潮倒灌，南面也因山水排泄不畅而潴成无数湖泊。每逢山水盛发或潮汐大涨，这里常为一片汪洋。

马臻的措施是在分散的湖泊下缘，修了一条长155千米的长堤，将众多的山水拦蓄起来，形成一个蓄水湖泊，即鉴湖。这样一来，就消除了洪水对这一带的威胁。

■ 芍陂石碑

由于鉴湖高于农田，而农田又高于海面，这就为灌溉和排水提供了有利的条件。农田需水时，就泄湖灌田，雨水多时，就关闭水门，将农田水排入海中。

鉴湖的建成，为这一地区解除积涝和海水倒灌为患创造了条件，并使农田得到了灌溉的保证。鉴湖因此成了长江以南最古老的一个陂塘蓄水灌溉工程。

陂渠串联，也叫长藤结瓜，它是流行于淮河流域的一种水利工程。这种工程，

■绍兴鉴湖

就是利用渠道将大大小小的陂塘串联起来，把分散的陂塘水源集中起来统一使用，用来提高灌溉的效率。

战国末年湖北襄阳地区建成的白起渠，是秦将白起以水代兵、水淹楚国鄢城的战渠。它可以说是最早的陂渠串防工程。该工程壅遏湍水，上设3水门，后又扩建3石门，合为6门，故称为六门堨。

六门堨的上游有楚堨，下游有安众港、邓氏陂等。六门堨是一个典型的长藤结瓜型的水利工程。该工程灌溉穰、新野、昆阳三县5000余顷农田，是当时一个具有相当大规模的大灌区。

圩田是一种土地利用方式，也是一种水利工程的形式，主要是在低洼地区，建造堤岸，阻拦外水，修建良田。

白起（？—前257年），芈姓，白氏，名起，楚白公胜之后，故又称公孙起，郿人，即现在的陕西宝鸡眉县。战国时期秦国名将。与廉颇、李牧、王翦并称为战国四大名将，位列战国四大名将之首。曾以水代兵，修战渠，即白起渠水淹楚国鄢城。

■ 太湖圩田

这种水利工程,在太湖地区称为圩田,在洞庭湖地区称为堤垸,在珠江三角洲称为堤围,也称基围。名称不同,实际上都是同一类型的工程。

太湖圩田建设鼎盛时期是在五代的吴越时期。吴越王钱镠对于太湖地区的农田水利进行大力修建、改造,经过80多年的努力,使太湖地区变成了一个低田不怕涝,高田不怕旱,旱涝保丰收的富饶地区。这充分反映了吴越时期,太湖地区的水利建设所取得的重大成就。

阅读链接

战国时魏国的邺地,即今河北省临漳县一带,常受漳水之灾。当地的恶势力,借此大搞"河伯娶妇"的骗局,残害人民,骗取钱财。

魏文侯时派西门豹到邺地任地方官。西门豹到任后,一举揭穿了"河伯娶妇"的骗局,狠狠地打击了地方恶势力,并领导群众治理洪水,修建了漳水十二渠。

漳水十二渠修成后,不仅使当地免除了水害之灾,使土地得到了灌溉,而且利用了漳水中的淤泥,改良了两岸的大量盐碱地,促进了农业生产的发展。

特色鲜明的坎儿井工程

坎儿井是荒漠地区的一种特殊灌溉系统，遍布于新疆吐鲁番地区。坎儿井与万里长城、京杭大运河并称为我国古代三大工程。

坎儿井是针对新疆自然特点，利用地下水进行灌溉的一种特殊形式，鲜明体现了我国古代劳动人民的聪明和智慧。坎儿井孕育了吐鲁番各族人民，使沙漠变成了绿洲，对发展当地农业生产具有重要的意义。

■ 新疆坎儿井

■ 使用坎儿井场景

坎儿井在汉代已经在新疆出现。《汉书·西域传下》载，汉宣帝时，遣破羌将军辛武贤率兵至敦煌靖边，"穿卑鞮侯井以西"，这是试图通过开凿坎儿井的方式引出地下水，在地面形成运河。

"卑鞮侯井"的泉水水源、井渠结合的工程形式，显然就是我们今天所说的坎儿井。

新疆坎儿井的大发展是在清代，据《新疆图志》记载，十七八世纪时，北疆的巴里坤、济木萨、乌鲁木齐、玛纳斯、景化乌苏，南疆的哈密、鄯善、吐鲁番、于阗、和田、莎车、疏附、英吉沙尔、皮山等地，都有坎儿井。

最长的哈拉马斯曼渠，长75千米，能灌田1100多公顷。清末，仅吐鲁番一地就有坎儿井185处。利用坎儿井进行灌溉，对新疆农业生产的发展起过重要的作用。

清代道光年间，林则徐赴新疆兴办水利，他在吐鲁番见到坎儿井后，说："此处田土膏腴，岁产木棉无算，皆卡井水利为之也。"

总的说来，坎儿井的构造原理是：在高山雪水潜流处，寻其水源，在一定间隔处打一眼深浅不等的竖井，然后再依地势高下在井底修通暗渠，沟通各井，引水下流。地下渠道的出水口与地面渠道相连接，把

辛武贤 汉代陇西郡狄道人，即现在的甘肃临洮。汉代著名大臣。他曾经修建井渠结合的"卑鞮侯井"即坎儿井工程。汉宣帝元康时任酒泉太守。西羌贵族反叛以后，他被就地任为破羌将军。辛武贤对羌人的军事进剿，起到了巩固祖国统一的作用。

地下水引至地面灌溉桑田。

坎儿井是一种结构巧妙的特殊灌溉系统，它由竖井、暗渠、明渠和涝坝4部分组成。

竖井是开挖或清理坎儿井暗渠时运送地下泥沙或淤泥的通道，也是送气通风口。井深因地势和地下水位高低不同而有深有浅，一般是越靠近源头竖井就越深，最深的竖井可达90米以上。

竖井与竖井之间的距离，随坎儿井的长度而有所不同，一般每隔20米至70米就有一口竖井。一条坎儿井，竖井少则10多个，多则上百个。井口一般呈长方形或圆形，长1米，宽0.7米。戈壁滩上的一堆一堆的圆土包，就是坎儿井的竖井口。

暗渠，又称地下渠道，是坎儿井的主体。暗渠的作用是把地下含水层中的水聚到它的身上来，一般是按一定的坡度由低往高处挖，这样，水就可以自动地流出地表来。

暗渠一般高1.7米，宽1.2米，短的100米至200米，最长的达25千米，暗渠全部是在地下挖掘，因此掏挖工程十分艰巨。

汉代开挖暗渠时，为尽量减少弯曲、确定方向，吐鲁番的先民们创造了木棍定向法。即相邻两个竖井的正中间，

> 林则徐（1785年—1850年），字元抚，又字少穆、石麟，晚号瓶泉居士等。生于清代福建侯官，即今福建省福州市。清代后期政治家和思想家。因其主张严禁鸦片，抵抗西方侵略，维护我国主权和民族利益，深受全世界各国人民的敬仰。史学界称他为"近代中国的第一人臣"。

■ 坎儿井

■ 坎儿井暗渠

在井口之上，各悬挂一条井绳，井绳上绑上一头削尖的横木棍，两个棍尖相向而指的方向，就是两个竖井之间最短的直线。

然后再按相同方法在竖井下以木棍定向，地下的人按木棍所指的方向挖掘就可以了。

在掏挖暗渠时，吐鲁番人民还发明了油灯定向法。油灯定向是依据两点成线的原理，用两盏旁边带嘴的油灯确定暗渠挖掘的方位，并且能够保障暗渠的顶部与底部平行。

但是，油灯定位只能用于同一个作业点上，不同的作业点又怎样保持一致呢？挖掘暗渠时，在竖井的中线上挂上一盏油灯，掏挖者背对油灯，始终掏挖自己的影子，就可以不偏离方向，而渠深则以泉流能淹没筐沿为标准。

暗渠越深空间越窄，仅容一个人弯腰向前掏挖而行。由于吐鲁番的土质为坚硬的钙质黏性土，加之作业面又非常狭小。因此，要掏挖出一条25千米长的暗渠，不知要付出怎样的艰辛。

由此可见，总长5000千米的吐鲁番坎儿井被称为"地下长城"，真是当之无愧。

黏性土 由黏粒与水之间的相互作用产生，黏性土及其土粒本身大多是由硅酸盐矿物组成。保水保肥能力强，但孔隙小，通气透水性能差，湿时黏干时硬。黏土的状态按液性指数分为坚硬、硬塑、可塑、软塑和流塑。黏性土的含水量对其物理状态和工程性质有重要影响。

暗渠还有不少好处。由于吐鲁番高温干燥，蒸发量大，水在暗渠不易被蒸发，而且水流地底不容易被污染。经过暗渠流出的水，经过千层沙石自然过滤，最终形成天然矿泉水，富含众多矿物质及微量元素，当地居民数百年来一直饮用至今，不少人活到百岁以上。因此，吐鲁番素有我国"长寿之乡"的美名。

暗渠流出地面后，就成了明渠。顾名思义，明渠就是在地表上流的沟渠。

人们在一定地点修建了具有蓄水和调节水作用的蓄水池，这种大大小小的蓄水池，就称为涝坝。水大量蓄积在涝坝，哪里需要，就送到哪里。

坎儿井在吐鲁番盆地大量兴建的原因，是和当地的自然地理条件分不开的。

吐鲁番是我国极端干旱地区之一，年降水量只有16毫米，而蒸发量可达到3000毫米，可称得上我国的"干极"。但坎儿井是在地下暗渠输水，不受季节、风沙影响，蒸发量小，流量稳定，可以常年自流灌溉。

坎儿井暗渠

吐鲁番虽然酷热少雨，但盆地北有博格达山，西有喀拉乌成山，每当夏季大量融雪和雨水流向盆地，渗入戈壁，汇成潜流，为坎儿井提供了丰富的地下水源。

吐鲁番盆地北部的博格达峰高达5445米，而盆地中心的

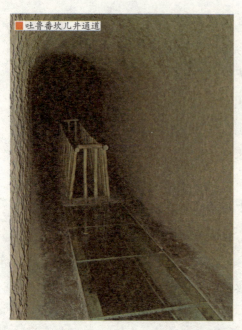
吐鲁番坎儿井通道

艾丁湖，却低于海平面154米，从天山脚下到艾丁湖畔，水平距离仅60千米，高差竟有1400多米，地面坡度平均约1/40，地下水的坡降与地面坡变相差不大，这就为开挖坎儿井提供了有利的地形条件。

吐鲁番土质为沙砾和黏土胶结，质地坚实，井壁及暗渠不易坍塌，这又为大量开挖坎儿井提供了良好的地质条件。

坎儿井的清泉浇灌滋润吐鲁番的大地，使"火洲"戈壁变成绿洲良田，生产出驰名中外的葡萄、瓜果和粮食、棉花、油料等。

现在，尽管吐鲁番已新修了大渠、水库，但是，坎儿井在后来的建设中一直发挥着"生命之泉"的特殊作用。

阅读链接

林则徐是民族英雄，也是当时有名的水利专家，曾领命钦差大臣前往新疆南部履勘垦务，行程万里，足迹遍及新疆的北部、南部和东部。

在他的推动下，吐鲁番、鄯善、托克逊新挖坎儿井300多条。鄯善七克台乡现有60多条坎儿井，据考证多数是林则徐来吐鲁番后新开挖的。

像林则徐那样亲自与百姓一起兴修水利、开垦荒地的事，当时是罕见的。为了纪念林则徐推广坎儿井的功劳，当地群众把坎儿井称为"林公井"，以表达对林则徐的崇敬仰慕之情。

改造山地的杰作古梯田

梯田是沿山体的等高线开垦的耕田。我国是世界上最早开发梯田的国家之一。古梯田是古代农耕文明的活化石，是我国水土保持系统工程的范例。

经过历代开垦和维护，现在留下的比较著名的古梯田有：江西省上堡梯田、云南省红河哈尼梯田、湖南省紫鹊界梯田和广西壮族自治区龙脊梯田。它们是古代先民农耕经验的杰作。

■ 江西崇义上堡梯田

江西上堡梯田

上堡梯田位于江西省赣州市崇义县西部齐云山自然保护区内的上堡景区，有近万亩高山梯田群落。关于上堡梯田，当地民间有个美丽的传说。

不知何年何月，有天傍晚有两个疯癫客人路过南安府西北的一个茅棚野店。店里有一个妇人专给客人提供喝水、吃饭、住宿之便。

这两个疯癫客，先喝了100碗茶，将碗叠在一起。又吃了100碗饭，也将碗叠在一起。再回看那妇人，妇人不嫌他俩喝多了吃多了，还是笑嘻嘻的。

疯癫客很感激，问店妇："这个地方叫什么名？"

店妇长叹说："叫上堡，是石山荒岭无田无土的穷地方。"

疯客把茶碗、饭碗拢在一起，捂着肚子说："不妨，一层山一层田，吃得上堡人成神仙。"

店妇知道这两人有些来历，忙又说："光有山有田没有水也活不了命呀！"

那个癫客试探着问:"要有一碗酒糟就好了。"

店妇果然端出一碗满满的甜酒糟来。癫客提起水壶就往酒糟上筛,一边筛一边说:"上堡、上堡,高山崇上水森森。"

第二天店妇请疯癫客起床,两客人却不见了踪影。走出门外一看,远远近近的山坡上全是一层一叠的水田,像上楼的梯子。以后人们就叫它"梯田"。

梯田是在坡地上分段沿等高线建造的阶梯式农田。按田面坡度不同而有水平梯田、坡式梯田等。

其实,黄土高原现在的许多坡田的历史应上溯至先秦时期。先秦时期,我国北方就有治山活动,并孕育了"坡式梯田"。

据史籍记载,《诗经·小雅·白华》中说:"彪池北流,浸彼稻田。"战国时期楚国辞赋作家宋玉《高唐赋》说:"长风至而波起兮,若丽山之孤亩。"其中的"稻田"和"孤亩"之类水平田,则是水平梯田的原始雏形。

> **宋玉** 又名子渊,战国时鄢人,即现在的襄樊宜城。楚国辞赋作家。生于屈原之后,或曰屈原弟子。相传所作辞赋甚多,《汉书·卷三十·艺文志第十》录有赋16篇。流传作品有《九辨》《风赋》《高唐赋》《登徒子好色赋》等。如"下里巴人""阳春白雪""曲高和寡"的典故皆他而来。

■ 坡式梯田

■ 筒车 一种以水流作动力，取水灌田的工具，亦称"水转筒车"。据史料记载，筒车发明于隋而盛于唐，距今已有1000多年的历史。这种靠水力自动的古老筒车，在水乡郁郁葱葱的山间、溪流间构成了一幅幅远古的田园春色图，为古代人民的杰出发明。

西汉农学家氾胜之在《氾胜之书》中提到，种稻要各畦之间必有高差，以利水流动交换，这其实就是水平梯田。

此外，汉代还有一些梯田综合利用的记载。而重庆彭水县出土的陶田雕塑则表明，东汉时我国梯田修筑已非常完善。

隋唐时期，是我国梯田大发展时期，典籍中对梯田及其经营的描述大量增加。唐末诗人崔道融在《田上》中描写了梯田耕作情形；唐代文学家刘禹锡《机汲井》则表明当时先进的高转筒车已在梯田经营中发挥着重要作用。

宋代是我国古代梯田发展史上的黄金时期，这一时期，随着经济重心南移，梯田在江南得到开发。

比如：福建"垦山陇为田，层起如阶级"；四川"于山陇起伏间为防，潴雨水，用植梗糯稻，谓之囎田，田俗号'雷鸣田'"。

与此同时，梯田一词也正式出现于文献当中。北宋诗人范成大

《骖鸾录》对袁州仰山,即今江西省宜春梯田的描写:

> 出庙三十里至仰山,缘山腹乔松之磴甚危,岭阪上皆禾田,层层而上至顶,名梯田。

宋代梯田大规模开发与科技推广有关。此时许多先进农机具得到了普遍推广,如龙骨水车、翻车和筒车等。另外,人口增加、南北分治、战乱频繁、赋税繁重也是江南梯田得到大量开发的重要原因。

元明清时期,是古代梯田的成熟时期,其主要标志,一是出现了较系统的梯田理论论述,二是梯田开发范围进一步扩大。

关于梯田修筑技术,元代著名农学家王祯在《农书》中有详细的描绘,其要点是:先依山的坡度"裁作重蹬",修成阶梯状的田块;再"叠石相次包土成田",修成石梯阶,包围田土,以防水土流失;如果上有水源,便可自流灌溉,种植水稻,若无水源,也可种粟麦。

这是对古代梯田开发经验进行的总结,在指导梯田开发上起了积

▶ 龙骨水车

云南元阳哈尼梯田

极作用。这些梯田修筑技术，说明时至元代，我国修建梯田，利用山地已积累了相当丰富的经验。

由于梯田既能利用山地，又能防止水土流失，所以一直是我国利用山地的一种主要方法。经过历代开发，我国梯田进一步发展，出现了美丽的古梯田。如云南省红河哈尼梯田、湖南省紫鹊界梯田和广西壮族自治区龙脊梯田。

云南省红河哈尼梯田，也称元阳梯田，位于云南省元阳县的哀牢山南部，是哈尼族人世世代代留下的杰作。

元阳哈尼族开垦的梯田随山势地形变化，因地制宜，坡缓地大则开垦大田，坡陡地小则开垦小田，甚至沟边坎下石隙也开田，因而梯田大者有数亩，小者仅有簸箕大，往往一坡就有成千上万亩。

哈尼族以数十代人毕生心力，垦殖了成千上万梯田，将沟水分渠引入田中进行灌溉，因山水四季长流，梯田中可长年饱水，保证了稻谷的发育生长和丰收。

湖南省紫鹊界梯田位于湖南省娄底市新化县西部山区，它周边的梯田达1300公顷以上,其地势之高,规模之大,形态之美,堪称世界之最。

紫鹊界梯田起源于秦汉,盛于唐宋,至今已有2000余年的历史,是当今世界开垦最早的梯田之一。

紫鹊界梯田的形成,发源于人,得益于水。这里的地下水,属于基岩裂隙孔隙水类型,哪里有基岩裂隙,水就从哪里冒出来,而且越是山高,水越多。所谓"高山有好水",在这里完全得到了印证。

广西壮族自治区龙脊梯田始建于元代,完工于清初。分布在海拔300米至1100米之间,坡度大多在26度至35度之间,最大坡度达50度。从山脚盘绕到山顶,小山如螺,大山似塔,层层叠叠,高低错落。

从流水湍急的河谷,到白云缭绕的山巅,凡有泥土的地方,都开辟了梯田。垂直高度达五六里,横向伸延五六里,那起伏的、高耸入云的山,蜿蜒得如同

基岩 地球陆地表面疏松物质如土壤和底土底下的坚硬岩层。通过风化作用发生以后,原来高温高压下形成的矿物被破坏,形成一些在常温常压下较稳定的新矿物,构成陆壳表层风化层,风化层之下完整的岩石称为基岩,露出地表的基岩称为露头。

■紫鹊界梯田

广西龙脊梯田

一级级登上蓝天的天梯,像天与地之间一幅幅巨大的抽象画。

春来,水满田畴,串串"珠链"从山头直挂山麓;夏至,佳禾吐翠,排排绿浪从天而泻入人间;金秋,稻穗沉甸,座座金塔砌入天际;隆冬,雪兆丰年,环环白玉直冲云端。

有趣的是,在这浩瀚如海的梯田世界里,最大的不过一亩,大多数是只能种一两行禾的碎田块。这种景象称得上人间一大奇观。

阅读链接

据说在明代,龙脊梯田当地曾有一个苛刻的地主交代农夫说,一定要耕完206块田才能收工,可农夫工作了一整天,数来数去只有205块,无奈之下,他只好拾起放在地上的蓑衣准备回家,竟惊喜地发现,最后一块田就盖在蓑衣下面!因此有"蓑衣盖过田"的说法。

稻米的诱惑实在是太大了。当年第一批到达龙脊的壮族人和瑶族人面对着深山,无不咬紧牙关,依靠最原始的刀耕火种,开垦出第一块梯田。他们的子孙经过世代劳作,才有了现在的龙脊梯田。

古代对土地利用方式

我国自古以农业为立国之本,而土地则是农业之本。向山岭要田,跟河海争地,即充分利用可能利用的土地,是古代农业发展的根本所在。

古代先民对河湖滩地、滩涂、水面、干旱地区的土地利用,表现出最大的积极性和智慧,取得了可观成效,推动了农业的发展。

■ 山坡上的梯田

■ 土神像

古人称土神为"社",称谷神为"稷"。在北京市天安门西侧中山公园内,有一座俗称"五色土"的社稷坛,那就是明清两代帝王祭祀土神和谷神的地方。

历代帝王每年至少要在春秋两季祭祀土神和谷神,春耕之前,要祈求他们的保佑;秋收之后,要报答他们的恩赐,这就是行春祈秋报的古礼。

人们有句话叫"民以食为天",即老百姓以吃饭问题为头等大事。土地生长出谷物,历来是人们的主要食物。

有土地、有谷物,百姓能够安居乐业,国家自然太平无事。这才是以社稷象征国家的真正原因,也是历代帝王祭祀社稷的真正原因。

虽说自古以农业为立国之本,但是我国西部是高山、沙漠,东南部丘陵起伏蜿蜒,仅东北、华北、长江中下游一带有平原,发展农业的自然条件并不好。

同时,我国历来就以人口众多著称,如何利用和开发土地多种谷物,解决吃饭问题,一直是摆在人们面前的头等大事。

在这种情况下,古代劳动人民开动脑筋,在利用和开发土地方面表现出来的卓越智慧,令人赞叹。

圩田是人们利用濒河滩地、湖泊淤地过程中发展起来的一种农田。它是一种筑堤挡水护田的土地利用方式。南宋诗人杨万里在《圩丁词十解》中说道:

谷神 五谷之神,主宰五谷生长的女神,称之为"五谷母"。对谷神的祭祀,源于上古秋收时节的尝新祭祖活动,后来这种习俗沿袭下来。此外,谷神也是道家所说的生养之神,被称为原始的母体。

圩者，围也。内以围田，外以围水。

集中地说明了圩田的特点。

圩田是长江流域人们与水争地的一种农田，它的历史可追溯到春秋战国时代。《越绝书·记吴地传》中所记的"大䐁""胥主""胥卑墟""鹿陂""世子塘""洋中塘"等，都是我国早期的一种圩田。

起初的圩田建筑比较简单，只是筑堤挡水而已。到五代时，圩田的修建技术有了很大的发展，形成了堤岸、涵闸、沟渠相结合的圩田，而且规模宏大，建设完善。

据《范文正公集·答手诏条陈十事》记载，五代时的圩田：

每一圩方数十里，如大城，中有河渠，外有门闸，旱则开闸引江水之利，潦则

> 杨万里（1127年—1206年），字廷秀，号诚斋，江西吉州，即现在的江西省吉水县人。南宋大诗人。与尤袤、范成大、陆游合称南宋"中兴四大诗人""南宋四大家"。创作抒发爱国情思诗作4200余首。代表作品有《初入淮河四绝句》《舟过扬子桥远望》和《过扬子江》等。

■ 古代农耕场景

紫鹊界梯田

闭闸，拒江水之害。

能取得"旱涝不及，为农美利"的良好效果。

入宋以后，圩田在长江中下游地区发展甚为迅速。据《宋史·河渠志》记载，北宋末年，太平州即今安徽省当涂县沿江圩田"计四万二千余顷"。

当涂和芜湖两县的田地，十之八九都是圩田，圩岸连接起来，长达240余千米。淳熙年间太湖周围的圩田，多达1498所。这对当时扩大耕地面积，起了相当大的作用。

淤田是对河边淤滩地的一种利用方式。其法是利用枯水期播种，抢在夏季涨水前再收一熟。

柜田是一种小型的围田，王祯《农书》说它是"筑土护田，似围而小，四面俱置澳穴，如柜形制"。

沙田是对江淮间沙淤地的一种土地利用方式。元代农学、农业机械学家王祯在他的《农书》中说道：

南方江淮间沙淤之田也……四围芦苇骈密以护堤岸……

> 或中贯潮沟,旱则频溉,或傍绕大港,港则泄水,所以无水旱之忧,故胜他田也。

关于滩涂的利用,筑堤挡潮是一个有效措施,始见于唐代。唐时官员李承于楚州筑常丰堰,便是这一办法。宋代范仲淹在通、泰、楚、海地区筑海堤,用的也是这种办法。

涂田是将海涂开垦为农田的一种方法。据王祯《农书》记载,其方法包括筑堤挡潮,开沟排盐,蓄淡灌溉等措施。其中田边开沟,则是有关我国滨海盐地,使用沟洫条田耕作法的最早记载。

海涂一般含盐分很高,所以一开始还不能种庄稼,必须先经过一个脱盐过程,其方法是"初种水稗,斥卤既尽,可为稼田"。

这是我国盐碱地治理中利用生物脱盐的创始。经过这样处理以后,"其稼收比常田,利可十倍。"

筑坡蓄水养鱼是明清时期的一个创造,首见于明代学者黄省曾《养鱼经》的记载:

涂田

滩涂

> 鲻鱼,松之人于潮泥地凿池,仲春潮水中捕盈寸者养之,秋而盈尺,腹背皆腴,为池鱼之最。

其海涂养鱼之发达,由此可见。

除养鱼之外,还有养殖贝类。种类有蚝、蛏、蠘等,流行的地区主要在浙江、福建、广东等省。在福建,养蛏的叫蛏田、蛏荡;在广州养蚝的叫蚝田,养蠘的叫蠘田;在浙江养蚶的叫蚶田。

清代儒学大家王步青在《种蚶诗》中说:东南美利由来擅,近海生涯当种田。反映了海涂养贝在东南地区已相当发达,并成了农业生产中一个组成部分。

水面的利用主要是架田,这是一种与水争地的方法。架田与圩田有所不同,圩田是利用滨河滩地,作堤围水而成,架田则是利用水面,它是通过架设木筏,铺泥而成,因而它可以称得上我国古代创造的一种人造耕地。

架田是由葑田发展而来的,所以有时也叫葑田。葑田是因泥沙淤积茭草根部,日久浮泛水面而成的一种天然土地。

五代时,葑田已在广东浅海一带发展起来,到了宋代,葑田又发展到长江流域。在南宋诗人范成大的诗中,有"小舟撑取葑田归"之句;陆游在《入蜀记》中也记有"筏上铺土作蔬圃,或作酒肆"的大架田。不过这时的架田,已不是天然的葑田,而是人工建造的架田。

南宋的农学家陈旉在其《农书》中，对架田作过详细的介绍：一能自由移动，二能随水上下。这种田当时在江浙、淮东、两广等地都有，分布的地区是相当广泛的。

除了木架铺泥的架田外，还有一种用芦苇或竹篾编成的浮田。但不铺泥，只用来种蔬菜，其历史要比架田早得多。

晋代的《南方草木状》中，就有记载：

南人编苇为筏，作小孔，浮于水上，种子于中，则如萍根浮水面，及长，茎叶皆出于苇筏孔中随水上下，南方之奇蔬，按指蕹菜也。

清代的《广东新语》中亦记有这种蕹菜田："蕹无田，以篾为之，随水上下，是曰浮田。"这是我国人民在土地利用上的一个新创造。

至于干旱地区的土地利用，砂田是一种特殊的土

王步青（1672年—1751年），字汉阶，一字罕阶，号己山，江苏金坛人。清初著名儒学大家。他性冲澹，长身玉立，覃心正学，以文名。他操持选正，黜浮崇雅，位居京师仍屏迹一室，学子视为楷模。著有《己山文集》10卷，别集4卷，及《朱子四书本义汇参》45卷，并传于世。

■ 金秋时节的田园风光

旱砂田

地利用方法。主要流行于甘肃以兰州为中心的陇中地区,这种田的特点,主要是用砂石覆盖,所以称为砂田或石子田。

砂田有旱砂田和水砂田之分,建造的办法是:先将土地深耕,施足底肥,耙平、做实,然后在土面上铺粗砂和卵石或片石的混合体。砂石的厚度,旱砂田约8厘米至12厘米,水砂田约6厘米至9厘米,每铺一次可有效利用30年左右。播种时,再拨开砂石点播或耧播,然后再将砂石铺平,一任庄稼出苗生长。

砂田由于有砂石覆盖,可以直接防止太阳照射,雨水能沿石缝下渗,又可避免水分流失,蓄的水分又可减少蒸发,还能压碱和保温。

我国古代利用开发土地发展农业的智慧绝对不可低估,当然其中有些经验与教训对后来的土地利用,仍有着重要的借鉴意义。

阅读链接

据传说,有一年,甘肃大旱,赤地千里,四野无青。有一位老农在寻找野菜度荒时,在一个鼠洞旁的石缝中,发现了几株碧绿葱青、生长健壮的麦苗。

他扒开乱石,见下面的地相当湿润,这一偶然的发现,使这位老农悟出了一个压石保墒的道理,第二年这位老农依法仿效,果然长出了麦苗。

后来,经过不断改良,便形成了砂田这种土地利用方式,经考证,这一技术大约产生于明代中期,至今约有四五百年历史了。

农事文化

农谚农时

谚语是一种特殊的语言形式,它源于古代劳动人民的口头流传。来自生产斗争的农业谚语和气象谚语,是最为广大人民群众所熟知的谚语,对我国古代乃至现代的社会生活和生产活动都有着极为积极的指导作用。

自古以来,人们在生活和生产活动之中一直关注节气的变化规律。

二十四节气的制定,综合了天文学和气象学及农作物生长特点等多方面知识,它较准确地反映了一年中的自然力特征,至今仍然在农业生产中使用,受到广大农民喜爱。

古代农业的谚语文化

我国历代农民在长期的农业生产劳作中,取得了大量的宝贵经验,摸索出了农业生产上的种种规律,然后把这些都浓缩到形象、生动、简短的语句中去,由此创造了丰富的农业谚语。

农业谚语用简单通俗、精练生动的话语反映出深刻的道理,是劳动人民智慧的结晶和经验的总结,是中华民族的文化瑰宝,历来深受人民群众喜爱。

■《古谣谚》卷一

我国的谚语源远流长，清代杜文澜辑《古谣谚·凡例》说：谚语的兴盛在文字产生之前早就已经存在了，在那时并没有文字上的记载。说明谚语在文字产生之前早就已经存在了。

有了文字之后，谚语才被记录了下来。如汉代的《四民月令》，晋代的《毛诗草木虫鱼疏》，北魏的《齐民要术》等古书中都有大量的记载。

由于我国幅员辽阔，物产丰富，所以农业谚语涉及众多内容，其中关于天时、地利和人事方面留下了丰富的谚语。

天时，是节气农时的条件，即温度、水分和光照等自然条件。节气是我国劳动人民在长期的生产实践中掌握农事季节的经验总结，为保证农事活动的顺利进行，必须要准确把握农时。

我国农业，尤其是古代农业，在很大程度上受到"天时"的影响，因此，掌握节气变化，不违农时地安排农事活动，是发展农业生产的一条重要的原则。

"节气"是固定不变的，而自然条件，却往往发生变化。农业生产必须根据节气的变化，因地制宜，不违农时地安排生产，使庄稼的生长发育过程，充分适应自然气候条件。

在面积广阔的我国领土上，同一节气在不同地

■ 古籍《四民月令》

杜文澜（1815年—1881年），字小舫，浙江秀水人。清代的官员，词人。他曾官至江苏道员，署两淮盐运使。有干才，为曾国藩所称。杜文澜善工词，并著有《宋香词》《曼陀罗华阁琐记》《古谣谚》《平定粤寇记略》及《词律校勘记》等，并传于世。

■ 星图节气钟

区，气候条件各不相同，因此农业生产要"因地制宜"，有些谚语就明确体现了这种精神。

比如以冬小麦的播种季节为例，华北地区中部的农谚是"白露早，寒露迟，秋分种麦正当时"；华北地区南部的农谚是"秋分早，霜降迟，寒露种麦正当时"；华北北部的农谚是"白露节，快种麦"。

再如芝麻的播种季节，北方是"小满芝麻芒种谷，过了冬至种大黍"；中部地区是"芒种种芝麻，头顶一棚花"；南部地区是"头伏芝麻二伏瓜，三伏栗子老庄稼"。

即使是在同一地区，由于地形地势的不同，彼此的气候条件、温度、湿度也不一样。

还是以小麦的播种为例，华北的农谚就是"白露种高山，秋分种平川"；湖北的农谚则是"白露种高山，寒露种平川"。

高山和平川，即使它们属于同一地区，播种同种农作物，农时上也要有所差异。其气候、时令节气、温度等变化直接影响着农民们的春种秋收、衣食饱暖，影响着农业的生产。

地域的不同也会有不同的农时，古代农业主要是靠天收获，因此先民对天时和农业生产之间的关系都

湿度 表示大气干燥程度的物理量。在一定的温度下在一定体积的空气里含有的水汽越少，则空气越干燥；水汽越多，则空气越潮湿。空气的干湿程度叫作"湿度"。在此意义下，常用绝对湿度、相对湿度、比较湿度、混合比、饱和差以及露点等物理量来表示。

十分注意。

为此，先民们根据多年来对天时节令的关注，积累了许多的经验和教训，概括出了无数经典的农业谚语，成为先民生产生活中重要的"天气预报"，给人们的生产带来了便利。

至于地利谚语，地利，是指农业生产中的土、肥、水各个环节的重要经验。土地、肥料和水都是农作物生长不可缺少的基本条件。

关于"土"的谚语很多，有讲土壤改良的，有讲水土保持的，有讲深耕的，还有讲整地的。

讲土壤改良的谚语如："黄土变黑土，多打两石五"；"冷土换热土，一亩顶两亩"；"铺沙又换土，一亩顶两亩"；"白土地里看苗，黑土地里吃饭。"

讲深耕的谚语如："秋后不深耕，来年虫子生"；"耕地深又早，庄稼百样好"；"春耕深一寸，顶上一遍粪；春耕多一遍，秋收多一石。"

梯田风光

■ 田园风韵

讲整地的谚语如:"地整平,出苗齐;地整方,装满仓";"犁地要深,耙地要平";"光犁不耙,枉把力下。"

关于肥的谚语也很多,有讲施肥重要性的,有讲积肥门路的,还有讲巧施肥的。

讲施肥重要性的谚语如:"庄稼百样巧,肥是无价宝";"庄稼一枝花,全靠肥当家";"种地不上粪,等于瞎胡混";"要得庄稼好,须在肥上找";"肥料足,多收谷,一熟变两熟。"

讲如何巧施肥的谚语如:"庄稼施肥没别巧,看天看地又看苗";"春天上粪不懂性,赶到秋后就光腚";"施肥一大片,不如一条线";"底肥为主,追肥为辅。"

关于"水"的谚语,有讲水利建设的重要性的,

底肥 即基肥。作基肥施用的肥料大多是迟效性的肥料。厩肥、堆肥、家畜粪等是最常用的基肥。底肥是施肥中最基本的一个环节,对作物生长发育尤其是苗期和作物生长前期至关重要,施用底肥一般要从4个方面考虑,即底肥的种类、数量、肥料品种及施用的深度。

有讲适时灌溉的，有讲积水防旱的。

讲水利建设的重要性的谚语如："水是庄稼血，肥是庄稼粮"；"水是庄稼宝，四季不能少"；"种田种地，头一水利"；"多收少收在肥，有收无收在水"；"一滴水，一滴油，一库水，一仓粮。"

讲适时灌溉的谚语如："秋水老子冬水娘，浇好春水好打粮"；"轻浇勤浇，籽粒结饱"；"水是庄稼油，按时灌溉保丰收"。

人事，是指农业生产中人和地之间的关系，以及有关"植""保""收"等环节的经验。人和地的关系甚为密切，两者之间的作用是相互的，成正比的，古代先民历来重视人在农业生产中的主观能动性。

关于"植"的谚语，有讲播种的，有讲合理种植的，有讲锄草松土的，有讲间苗、补苗的。

追肥 是指在作物生长过程中加施的肥料。追肥的作用主要是为了供应作物某个时期对养分的大量需要，或者补充基肥的不足。在农业生产上通常是把基肥、种肥和追肥相结合。追肥要根据作物生长的不同时期所表现出来的元素缺乏症，对症追肥。

■ 水田耙

讲如何播种的谚语如:"舍不得种子,打不着粮食";"庄稼长得好,全靠播种早";"天旱播种宜深,逢春播种宜浅";"宁在时前,不在时后。"

讲合理种植的谚语如:"稀三箩,密三箩,不稀不密收九箩";"地尽其力田不荒,合理密植多打粮";"肥田土好栽稀些,瘦田土丑栽密些";"麦子稠了一扇墙,谷子稠了一把糠。"

讲适时收获的重要性的谚语如:"麦黄了,就要割,又怕起风又怕落";"九成黄,十成收;十成黄,九成收";"麦子一熟不等人,耽误收割减收成";"就早不就晚,抢收如抢宝。"

关于"保"的谚语,有讲植物保护重要性的,有讲如何预防病虫害的。

讲植物保护重要性的谚语如:"光栽不护,白搭工夫";"天干三年吃饱饭,虫害一时饿死人";"有虫治,无虫防,庄稼一定长得好";

■ 农耕场景雕塑

▶农耕场景雕塑

"一亩不治,百亩遭殃。"

讲如何预防病虫害的谚语如:"除虫没有巧,第一动手早,春天杀一个,强过秋天杀万条";"冬天把地翻,害虫命归天";"要想害虫少,除尽地边草";"种前防虫,种后治虫。"

总之,我国古代农业谚语强调"天时""地利""人事"这3方面的配合。这对现在的农业生产仍然具有一定的实际意义和参考价值。

阅读链接

概括性和科学性是农谚的最重要特点。农谚简短流畅,便于记诵,但它的内容又发人深思。许多农谚看来似属简单浅显,其实包含着深刻的科学原理,需要我们予以分析说明。

例如"麦浇芽,菜浇花",6个字就概括了两种冬作物的施肥关键;"山园直插,荡园斜插",指出甘薯要根据不同水分条件,采取不同的扦插方式。

农谚中像这种概括性强,富有深刻科学原理的,还有很多需要用现代科学知识或通过具体试验研究,予以分析提高。

古代天气的谚语文化

■ 古代农具

天气谚语是最早的天气预报,是世界各国人民在与大自然的斗争中对天气的变化进行长期观测后逐渐摸索出的天气变化规律。

天气谚语是我国珍贵文化遗产的一个重要组成部分,是我国劳动人民对人类气象科学宝库所做出的巨大的贡献。

天气谚语对于展望气象形势,保证农业生产,具有一定的科学价值。

天气谚语,在谚语分类划分时,常常被归入农谚之中,视天气谚语为农谚的一部分,一个方面。而这里所提到的天气谚语,是脱离农谚而被独立划分出来的天气谚语。

这是因为,天气谚语和人们日常的其他活动有直接关系,且数量相当可观,流传的范围和使用的频率,比一般农谚还要广,还要高。

■ 星象计算工具

天气谚语是传授气象、天气变化的谚语,反映了风云雷电、寒暑燥湿等气候变化的规律。从其来源和内容两个方面,可以反映出气象预测的谚语涉及的面也极为广泛。

天气谚语从来源看,包括4个方面:从日月星观察天气的变化,从霞光、虹、晕观看天气,从气温的变化和云的变化观测天气,从动植物的种种迹象观测天气变化。

日月星是天空中可以最常看见的天体,它们影响着我们的生产生活等社会活动,因此古人为了方便工作,在长期的实践过程中总结了大量的口诀。

讲日的如:"日没胭脂红,无雨必有风";"太阳披蓑衣,明天雨凄凄。"

讲月亮的如:"月晕主风,日晕主雨";"月亮打黄伞,三天晴不到晚";"月如悬弓,少雨多风;月如

月晕 以月光作自然光源,经冰晶的折射和反射作用而形成的晕。月晕是光透过高空卷层云时,受冰晶折射作用,使七色复合光被分散为内红外紫的光环或光弧,围绕在月亮周围产生光圈。月晕的出现,往往预示着天气要有一定的变化。

仰瓦，不求自下。"

霞是日光照在云彩上所产生的现象，霞指的是染上日光的云朵。虹、晕等都是大气中的光学现象，它们对反映天气的变化有着独到的作用。

根据霞光来预报天气的谚语如："火烧霞，烧不起，三日内有雨"；"早霞红丢丢，响午雨浏浏，晚霞红丢丢，早晨大日头"；"早间霞，夜间雨；傍晚霞，早晨露。"

根据虹来预报天气的谚语如："东虹日头西虹雨"；"东虹风，西虹风，南面有虹要下雨。"

根据晕来预报天气的谚语如："日月戴帽，雨将到"；"日晕三更雨，月晕午时风"；"日晕长江水，月晕草头风"；"日晕必下三天雨，月晕必吹一天风。"

看气温变化，天气的冷暖要考虑季节的变化和特定的时间背景。

■ 观测气候变化

如：在梅雨时候便有"黄梅寒，井底干"的谚语，"昼暖夜寒，东海也干"预示着天气少雨多晴。如果是在秋冬季节就会有"冬至前后，泄水不走"的谚语。

四季的交替会导致气温产生明显的冷暖交替，并以此来判定天气的好坏。

■ 梅雨时节

如："春寒多雨水"是说春天如果寒冷，雨就会下很多。"冬至前后，泄水不走"是说冬至前后的雨水比较多，因此农业生产中要注意季节的变化、气温的变化。

云变化快，形式多样，一定形态的云往往代表一定的天气情况。

如："鱼鳞天，不雨也风颠"，说的是鱼鳞状的云，气象学上称此为"卷积云"，是风雨的前兆；"瓦块云，晒死人"则说的是另外形态的云；"黄瓜云，淋煞人；茄子云，晒煞人"，"黄瓜云"说的是卷云的一种，为雨将要来临的先兆。

通过云来看天气的晴雨也是农民常用的一种方法，北方农民根据云的飘动，创造了谚语。

如："云行东，雨无踪，车马通"；"云行南，马溅泥，水没犁"；"云行西，雨凄凄，水涨潭。"

人们还创造了大批利用动植物的特点、生活习惯等来观天测象的气象谚语，这类谚语总结了风雨湿

梅雨 指我国长江中下游地区和台湾等地，每年6月中下旬至7月上半月之间持续阴天有雨的气候现象，此时段正是江南梅子的成熟期，故称其为"梅雨"。梅雨季节中，空气湿度大、气温高、衣物等容易发霉，所以也有人把梅雨称为同音的"霉雨"。

看云识天气

干、寒暖交替气候变化在动物身上的规律性的反映，具有一定的科学性。

从动物这一方面来看天气的有："朝莺叫晴，暮莺叫雨"；"青蛙哑叫，雷雨前兆"；"小燕前寒食叼米，过寒食叼水"；"久雨听鸟声，不久转天晴。"

从植物这一方面来看天气的有："水底起青苔，即逢大雨来"；"水面生青靛，天公又作变"；"朝出晒杀，没出濯杀。"

从天气预测的内容来看，主要有风、雨、阴、晴的预测，雾、露、霜、雪、雹的预测和旱涝、潮汐、地震的预测，这类气象谚语很多，每一种天气变化都有谚语与之相吻合。

讲风预测的谚语如："热燥生风"；"一年四季风，季季都不同"；"春风暖，夏风凉，秋风寒，冬风冷"；"南风吹到底，北风来还礼"；"南风吹暖北风寒，东风多湿西风干"；"夜里起风夜里住，五更刮风刮倒树。"

讲雨的预测谚语如："雷声急，无雨滴。雷声慢，水满畈"；"天上起了泡头云,不过三天雨淋淋";"黑云接得低,有雨在夜里。黑云接得高,有雨在明朝";"日落云里走,雨在半夜后";"云彩里钻太阳,大雨下一场。"

有讲阴的预测的谚语如:"乌鸦成群过,明日天必阴";"久晴必有久阴,久阴必有久晴";"重雾天能阴";"早雾晴,晚雾阴。"

讲天晴的预测的谚语如:"今晚鸡鸭早归笼,明日太阳红彤彤";"早晨雾,晴破肚";"早上浮云走,中午晒死狗";"早起东无云,日出渐光明。暮看西边晴,来日定光明。"

讲云的谚语如:"云往东,刮阵风。云往西,披蓑衣";"天旱不望朵朵云";"一块乌云在天顶,再大风雨也不惊。"

讲雾的谚语如:"清晨雾浓,一日天晴";"夏雾热,秋雾凉,冬雾雪,春雾白花开";"春雾狂风夏雾热,秋雾连阴冬雾雪";"十雾九晴。"

> **青苔** 是水生苔藓植物,色翠绿,生长在水中或陆地阴湿处。池塘中的"青苔",又称"青泥苔",是丝状绿藻的总称,特别是水绵、刚毛藻、水网藻等。一方面会争夺其他藻类生活空间,另一方面,当鱼、虾、蟹苗游入"青苔"时,往往被乱丝缠死。

■ 梅雨时节

讲霜的谚语如："雁南飞，霜期近"；"一日浓霜三日雪，三日浓霜顶场雪"；"一夜孤霜，来年大荒；多夜霜足，来年大熟"；"春霜不隔宿。"

天气谚语对预测未来短时期内天气的变化起到一定的辅助作用，先民为了防止这些自然灾害对农业生产的破坏，因此凭借自己的生活经验创作出了具有一定价值的讲地震、旱涝、潮汐的预测的谚语。

讲地震的谚语如："春秋地震多，冬夏地震少"；"冷热交错，地震发作"；"房子东西摆，地震南北来。房子南北摆，地震东西来"；"天变雨要到，水变地要闹。"

讲旱涝的谚语如："连发三日东北风，定有大水后面跟"；"立夏东风摇，麦子水中涝"；"正月雷鸣二月雪，三月田间晒开裂"；"腊月三场雾，河里踏成路。"

对于这些天气谚语，不能信手拈来，应该认真地加以思索，反复掂量，验证它的正确性；同时也应该了解此谚语的适用范围、使用时间、季节性等，这样才可以让谚语更好地为生产生活和家居生活等服务，充分地体现古代天气谚语的价值。

> **阅读链接**
>
> 天气谚语中运用的形象的比喻，可以让语言更加生动。例如"天上云宝塔，不久雨哗哗"，这是夏季经常出现的一种浓积云，因其形似宝塔，故以宝塔喻之。类似于此运用比喻的天气谚语还有"天上云像梨，地下雨淋泥"等。
>
> 比喻使这些天气谚语中的云的形象显得十分鲜明生动。而将比喻这种修辞手法运用其中，使之变为形象鲜明的"宝塔""梨"，不仅从感官上加深了印象，对识记天气谚语也是十分有利的。

二十四节气与农事活动

二十四节气是我国古代农业文明的具体表现,具有很高的农业历史文化的研究价值。

二十四节气是我国劳动人民独创的文化遗产,它能反映季节的变化,指导农事活动,是指导农业生产的课程表。

二十四节气不仅使人用力少收成多,而且影响着千家万户的衣食住行。

■ 星图节气钟

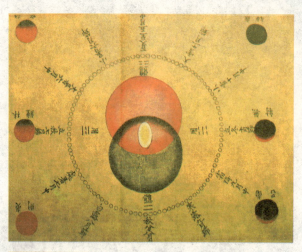

■ 节气图

二十四节气起源于黄河流域，远在春秋时期，我国古代先贤就定出仲春、仲夏、仲秋和仲冬4个节气，以后不断地改进和完善，到秦汉年间，二十四节气已完全确立。

公元前104年，由落下闳等编创的《太初历》正式把二十四节气定于历法。

古代先民将"二十四节气"编为口诀：

春雨惊春清谷天，夏满芒夏暑相连，
秋处露秋寒霜降，冬雪雪冬小大寒。

通过对二十四节气口诀的分解，可以充分了解古代四时季节对农事的影响，感受古代农耕文化内涵。

立春是从天文上划分的，每年2月4日或5日太阳到达黄经315度时为立春。而在气候学中，春季是指平均气温10摄氏度至22摄氏度的时段。

时至立春，小春作物长势加快，油菜抽苔和小麦拔节时耗水量增加，应该及时浇灌追肥，促进生长。农谚提醒人们："立春雨水到，早起晚睡觉"，大春备耕也开始了。

此时华北、东北地区，虽然天气渐暖，但仍较寒

落下闳（前156年—前87年），字长公，巴郡阆中人，即现在的四川阆中。西汉时期民间天文学家。汉武帝为了改革历法，征聘天文学家，经同乡谯隆推荐，落下闳由故乡到京城长安。他和邓平、唐都等合作创制的历法，优于同时提出的其他17种历法。

冷。正如农家谚语说的那样："打春别喜欢,还有40天冷天气"。

雨水在每年2月19日前后,太阳到达黄经330度。"雨水"意为降雨开始,雨量渐增。

"雨水"过后,我国大部分地区气温回升到零摄氏度以上。华南气温在10摄氏度以上,桃李含苞,樱桃花开,确以进入气候上的春天。

黄淮平原日平均气温已达3摄氏度左右,江南平均气温在5摄氏度上下。长江中下游地区日平均气温5摄氏度至7摄氏度,降水量30毫米至40毫米,大、小麦陆续进入拔节孕穗期。

孕穗期 又称打苞期,作物的物候期之一。孕穗又叫打苞、做肚,指作物穗子开始膨大,从外形上明显可见穗苞的状态。从禾谷类作物旗叶的伸长、展开直至抽穗前称为孕穗期。拔节至孕穗期是禾谷类作物从起身拔节开始至抽穗开花前这一阶段,亦称营养与生殖生长并进期。

惊蛰在每年3月5日或6日,太阳到达黄经345度时为"惊蛰"。"蛰"是"藏"的意思。"惊蛰"是指春雷乍动,惊醒了蛰伏于土中冬眠的动物。

惊蛰时节正是"九九"艳阳天,气温回升,雨水增多。除东北、西北地区仍是银装素裹的冬日外,大部分地区平均气温已升到零摄氏度以上。

华北地区日平均气温为3摄氏度至6摄氏度,西南和华南已达10摄氏度至15摄氏度,可谓春光融融。

这一节气我国大部地区进

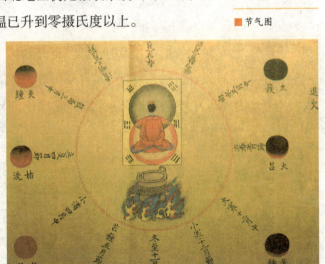

■ 节气图

■ 雨水节气

入春耕大忙季节。华北冬小麦开始返青生长，但土壤仍冻融交替，应及时耙地减少水分蒸发。沿江江南小麦已经拔节，油菜也开始见花，对水、肥的要求均很高，应适时追肥，干旱少雨地方应适当浇水灌溉。

南方雨水一般可满足菜麦及绿肥作物春季生长需要，为防湿害，须继续搞好清沟沥水。

华南地区早稻播种应抓紧进行，同时要做好秧田防寒工作。随着气温回升，茶树也渐渐开始萌动，应进行修剪，并及时追施"催芽肥"，促其多分枝，多发叶。桃、梨、苹果等果树要施好花前肥。

春分在每年3月20日或21日，太阳到达黄经零度即是春分点。

到了春分，全国各地日平均气温稳定升达零摄氏度以上，尤其是华北地区，日平均气温几乎与多雨的沿江江南地区同时升达10摄氏度以上而进入明媚的春季。

此时的东北、华北和西北广大地区，虽然冰雪消

绿肥作物 以其新鲜植物体就地翻压或沤、堆制肥为主要用途的栽培植物总称。绿肥作物多属豆科，在轮作中占有重要地位，多数可兼作饲草。我国利用绿肥历史悠久。现在一般采用轮作、休闲或半休闲地种植，除用以改良土壤以外，多数作为饲草。

融,杨柳吐青,但"春雨贵如油",降水依然很少,抗御春旱的威胁是农业生产上的主要问题。

清明在4月5日前后太阳黄经位于15度时为清明,也是表征物候的节气,含有天气清爽明朗、草木欣欣向荣之意。既是节气又是节日的只有清明。

我国传统的清明节约始于周代,已有2500多年历史,古时也叫三月节、踏青节,后又把寒食节融而为一,人们的户外活动增加。

清明一到,气温升高,雨量增多,正是春耕春种的大好时节。故有"清明前后,点瓜种豆""植树造林,莫过清明"的农谚,可见这个节气与农事有着密切的关系。

在此节候,大江南北都进入农忙季节,早、中稻先后播种,小麦拔节,油菜扬花,加强田间管理,玉米、花生播种等。

谷雨在每年4月20日或21日,太阳位于黄经30度时为谷雨,是春季的最后一个节气。常言道"清明断雪,谷雨断霜",清明过后雨水增多,有利于谷物生长,又可谓"雨生百谷"之时。

茶园春色

谷雨时节的农田

谷雨后的气温回升速度加快,我国大部分地区平均气温都在12摄氏度以上。长江以南地区"杨花落尽子规啼",茶农采茶制茶,农业生产上大春作物栽培,小春作物收获,到了繁忙时期。

谷雨前后小麦要施好孕穗肥,油菜要进行一次叶面喷肥,棉花要抓紧播种;与此同时,春田要清沟理墒,防止渍害。

东北地区,则有"谷雨前后种大田"之说。所谓"大田",主要指高粱、玉米等农作物的种植。与黄河流域相比,东北地区节气相对比较晚,"谷雨"时降雨量没有南方那么多,且因冷暖气流在本地呈"拉锯"之势,易发生大风、沙尘等天气。

立夏在每年5月5日或6日,太阳到达黄经45度时为立夏。根据气象学划分,连续5天的日平均气温超过22摄氏度才算真正进入夏天。

此时只有南方地区真正进入夏季。东北和西北的部分地区这时则刚刚进入春季,全国大部分地区平均气温在18摄氏度至20摄氏度上下,正是"百般红紫斗芳菲"的仲春和暮春季节。

长江中下游地区日平均气温19摄氏度至22摄氏度,降雨量为90毫米至110毫米,春花作物进入黄熟阶段,要及时抢晴收割。

华北、西北等地降水仍然不多,加上春季多风,蒸发强烈,土壤干旱常影响农作物生长,尤其干热风对小麦灌浆乳熟前后的影响。

小满在每年5月21日或22日,视太阳到达黄经60度时为小满。"小满"是指黄河流域麦类作物籽粒饱满,但未成熟,所以称小满。

大江南北夏熟作物先后成熟,开始抢晴收割。此时,长江中下游地区日平均气温在20摄氏度至23摄氏度,降雨量为50毫米至70毫米,与前后节气相比降雨稍偏少,但华南地区却先后进入雨季。

芒种在每年6月6日或7日,太阳到达黄经75度时谓之芒种。"芒",指谷实尖端的细毛。《周礼·地官·稻人》有云:"泽草所生,种之芒种。"此中所谓"芒种",即稻麦也。由此可知狭义上的"芒种"非泛指芒类作物的播种,而是单指水稻而言。

到了此节气,华北、华中、西南地区开始麦田收获,同时又进入晚稻等农作物的夏种阶段,故芒种又被称为"忙种"。

我国北方农谚中有:"过了芒种,不可强种",主要指大田而言,自有其深刻的历史实践经验在里面。

夏至时太阳直射北回归线,北半球全年白天最长。我国南北温度

■ 金陵民俗立夏称重

农耕图

相差很小,不过10摄氏度。多数年份降雨量超过100毫米,日平均气温24摄氏度至28摄氏度。在此季节,先民注重加强夏季田间管理,并及时清除杂草和防治病虫害。

小暑全国大部分日平均气温28摄氏度至31摄氏度,降雨量减少,一般60毫米至80毫米。小暑面临着梅汛和干旱的转折期,因此古代历来重视防汛、抗旱两不误。

大暑全国大部分地区都是炎炎盛暑,这个节气对全国都适用。从降雨量来看,北方雨季已经到来,降雨量增多。

长江流域梅雨结束,伏旱抬头,晴热少雨。在华南此时东南季风带来南海上空的水汽,降雨量仍比较多,本节气浙北降雨量20毫米至50毫米。日平均气温27摄氏度至31摄氏度,是全年最高的时段。喜温作物,生长速度之快达到了顶峰。

立秋的日平均气温29摄氏度至27摄氏度,开始呈下降趋势,降雨量在80毫米至100毫米,且分布不均匀。在此季节,对晚稻中耕除草,发生旱象即行灌溉。秋播开始。棉花开始摘顶。

处暑有"大暑小暑不是暑，立秋处暑正当暑"之说。此时，长江中下游地区日平均气温25摄氏度至27摄氏度；冷暖空气又开始在长江中下游地区相遇，进入秋雨期，降雨量为80毫米至120毫米。这时晚稻正处于生长关键时期。

白露有"白露秋分夜，一夜凉一夜"之说。随着季风转换，日照渐短，强度变弱，冷空气开始向南活动，全国大部分地区秋高气爽，连我国西南地区日平均气温也降到22摄氏度以下。

此时长江中下游地区日平均气温21度至24度。棉花分批采摘，秋玉米等作物加强后期的田间管理。

秋分以后，按常年规律，苏、浙、沪的入秋期在9月底至10月初。东北、新疆等地多半在8月中下旬入秋，黄河下游地区9月中旬入秋，华南大地10月底至11月都会有秋凉的感觉。

寒露时，北方冷空气热力增强，我国大部分地区受冷的高气压控制，雨季结束，经常晴空万里，日暖

初霜日 秋季第一次温度降到零度以下的日期称为初霜期，而春季最后一次出现霜冻称为终霜冻，那个日子称为终霜期。终霜期到初霜期这段时间称为无霜期，初霜期到终霜期这段时间称霜期。无霜期也称为生长期，由于无霜期较长，可利用的季节长。

■ 小雪时节的田野

夜凉，日温差大，有利于晚稻结实。寒露节气是长江流域直播油菜适宜期，江北地区开始播种冬小麦。

霜降时，全国各地的初霜日，南北相差很大，如东北的长春，在秋分时就有了初霜，而南方的广州，通常说来，霜是罕见的，即使有，到冬至才见初霜。

立冬时节，黄河中下游开始结冰的日期是11月1日至11日，与立冬是一致的，但在长江流域，真正的冬季要比立冬迟半个月左右。

长江中下游地区日平均气温10摄氏度至13摄氏度，降雨量20毫米至40毫米。晚稻收晒正忙。冬小麦播种开始扫尾。

小雪时节，就全国而言，长江流域平均情况2月中下旬降雪；东北地区的初雪要提前到11月初以前；在福州、柳州、百色以南，是终年不见雪的。此时长江中下游地区日平均气温7摄氏度至10摄氏度，降雨或降雪量10毫米至20毫米。这时牲畜的保暖越冬工作开始。

大寒时正值"数九寒天"，实为一年中最冷的季节，再往后便是"水暖三分"的立春了。长江中下游地区日平均气温1摄氏度至3摄氏度，降雪或降雨量10毫米至30毫米。主要农事活动：积肥、造肥，冬修水利扫尾，开始绿化植树，清理改造鱼塘等。

阅读链接

二十四节气的命名反映了季节、气候变化等。

立春、春分、立夏、夏至、立秋、秋分、立冬、冬至表示寒暑变化；小暑、大暑、处暑、小寒、大寒象征温度变化。

雨水、谷雨、白露、寒露、霜降、小雪、大雪反映降水量；惊蛰、清明、小满、芒种反应物候或农事。

春分、秋分、夏至、冬至反映了太阳高度变化；立春、立夏、立秋、立冬反映了四季开始；白露、寒露、霜降实质上反映了气温逐渐下降的过程。惊蛰、清明反映了自然物候现象。

中华精神家园书系

建筑古镇
壮丽皇宫：	三大故宫的建筑壮景
宫殿怀古：	古风犹存的历代华宫
古都遗韵：	古都的厚重历史遗韵
千古都城：	三大古都的千古传奇
王府胜景：	北京著名王府的景致
府衙古影：	古代府衙的历史遗风
古城底蕴：	十大古城的历史风貌
古镇奇葩：	物宝天华的古镇奇观
古村佳境：	人杰地灵的千年古村
经典民居：	精华浓缩的最美民居

古建之魂
千年名刹：	享誉中外的佛教寺院
天下四绝：	佛教的海内四大名刹
皇家寺院：	御赐美名的著名古刹
寺院奇观：	独特文化底蕴的名刹
京城宝刹：	北京内外八刹与三山
道观杰作：	道教的十大著名宫观
古塔瑰宝：	无上玄机的魅力古塔
宝塔珍品：	巧夺天工的非常古塔
千古祭庙：	历代帝王庙与名臣庙

古建涵蕴
天下祭坛：	北京祭坛的绝妙密码
祭祀庙宇：	香火旺盛的各地神庙
绵延祠庙：	传奇神人的祭祀圣殿
至圣尊崇：	文化浓厚的孔孟祭地
人间天宫：	非凡造诣的妈祖庙宇
祠庙典范：	最具人文特色的祭祠
绝代王陵：	气势恢宏的帝王陵园
王陵雄风：	空前绝后的地下城堡
大宅揽胜：	宏大气派的大户宅第
古街韵味：	古色古香的千年古街

古建风雅
皇家御苑：	非凡胜景的皇家园林
非凡胜景：	北京著名的皇家园林
园林精粹：	苏州园林特色与名园
秀美园林：	江南园林特色与名园
园林千姿：	岭南园林特色与名园
雄丽之园：	北方园林特色与名园
亭台情趣：	迷人的典型精品古建
楼阁雅韵：	神圣典雅的古建象征
三大名楼：	文人雅士的汇聚之所
古建古风：	中国古典建筑与标志

文化遗迹
远古人类：	中国最早猿人及遗址
原始文化：	新石器时代文化遗址
王朝遗韵：	历代都城与王城遗址
考古遗珍：	中国的十大考古发现
陵墓遗存：	古代陵墓与出土文物
石窟奇观：	著名石窟与不朽艺术
石刻神工：	古代石刻与文化艺术
岩画古韵：	古代岩画与艺术特色
家居古风：	古代建材与家居艺术
古道依稀：	古代商贸通道与交通

物宝天华
青铜时代：	青铜文化与艺术特色
玉石之国：	玉器文化与艺术特色
陶器寻古：	陶器文化与艺术特色
瓷器故乡：	瓷器文化与艺术特色
金银生辉：	金银文化与艺术特色
珐琅精工：	珐琅器与文化之特色
琉璃古风：	琉璃器与文化之特色
天然大漆：	漆器文化与艺术特色
天然珍宝：	珍珠宝石与艺术特色
天下奇石：	赏石文化与艺术特色

中华精神家园书系

古迹奇观
- 玉宇琼楼：分布全国的古建筑群
- 城楼古景：雄伟壮丽的古代城楼
- 历史开关：千年古城墙与古城门
- 长城纵览：古代浩大的防御工程
- 长城关隘：万里长城的著名关卡
- 雄关漫道：北方的著名古代关隘
- 千古要塞：南方的著名古代关隘
- 桥的国度：穿越古今的著名桥梁
- 古桥天姿：千姿百态的古桥艺术
- 水利古貌：古代水利工程与遗迹

山水灵性
- 母亲之河：黄河文明与历史渊源
- 中华巨龙：长江文明与历史渊源
- 江河之美：著名江河的文化源流
- 水韵雅趣：湖泊泉瀑与历史文化
- 东岳西岳：泰山华山与历史文化
- 五岳名山：恒山衡山嵩山的文化
- 三山美名：三山美景与历史文化
- 佛教名山：佛教名山的文化流芳
- 道教名山：道教名山的文化流芳
- 天下奇山：名山奇迹与文化内涵

自然遗产
- 天地厚礼：中国的世界自然遗产
- 地理恩赐：地质蕴含之美与价值
- 绝美景色：国家综合自然风景区
- 地质奇观：国家自然地质风景区
- 无限美景：国家自然山水风景区
- 自然名胜：国家自然名胜风景区
- 天然生态：国家综合自然保护区
- 动物乐园：国家动物自然保护区
- 植物王国：国家保护的野生植物
- 森林景观：国家森林公园大博览

西部沃土
- 古朴秦川：三秦文化特色与形态
- 龙兴之地：汉水文化特色与形态
- 塞外江南：陇右文化特色与形态
- 人类敦煌：敦煌文化特色与形态
- 巴山风情：巴渝文化特色与形态
- 天府之国：蜀文化的特色与形态
- 黔风贵韵：黔贵文化特色与形态
- 七彩云南：滇云文化特色与形态
- 八桂山水：八桂文化特色与形态
- 草原牧歌：草原文化特色与形态

东部风情
- 燕赵悲歌：燕赵文化特色与形态
- 齐鲁儒风：齐鲁文化特色与形态
- 吴越人家：吴越文化特色与形态
- 两淮之风：两淮文化特色与形态
- 八闽魅力：福建文化特色与形态
- 客家风采：客家文化特色与形态
- 岭南灵秀：岭南文化特色与形态
- 潮汕之根：潮州文化特色与形态
- 滨海风光：琼州文化特色与形态
- 宝岛台湾：台湾文化特色与形态

中部之魂
- 三晋大地：三晋文化特色与形态
- 华夏之中：中原文化特色与形态
- 陈楚风韵：陈楚文化特色与形态
- 地方显学：徽州文化特色与形态
- 形胜之区：江西文化特色与形态
- 淳朴湖湘：湖湘文化特色与形态
- 神秘湘西：湘西文化特色与形态
- 瑰丽楚地：荆楚文化特色与形态
- 秦淮画卷：秦淮文化特色与形态
- 冰雪关东：关东文化特色与形态

节庆习俗
- 普天同庆：春节习俗与文化内涵
- 张灯结彩：元宵习俗与彩灯文化
- 寄托哀思：清明祭祀与寒食习俗
- 粽情端午：端午节与赛龙舟习俗
- 浪漫佳期：七夕节俗与妇女乞巧
- 花好月圆：中秋节俗与赏月之风
- 九九踏秋：重阳节俗与登高赏菊
- 千秋佳节：传统节日与文化内涵
- 民族盛典：少数民族节日与内涵
- 百姓聚欢：庙会活动与赶集习俗

民风根源
- 血缘脉系：家族家谱与家庭文化
- 万姓之根：姓氏与名字号及称谓
- 生之由来：生庚生肖与寿诞礼俗
- 婚事礼俗：嫁娶礼俗与结婚喜庆
- 人生遵俗：人生处世与礼俗文化
- 幸福美满：福禄寿喜与五福临门
- 礼仪之邦：古代礼制与礼仪文化
- 祭祀庆典：传统祭典与祭祀礼俗
- 山水相依：依山傍水的居住文化

衣食天下
- 衣冠楚楚：服装艺术与文化内涵
- 凤冠霞帔：佩饰艺术与文化内涵
- 丝绸锦缎：古代纺织精品与布艺
- 绣美中华：刺绣文化与四大名绣
- 以食为天：饮食历史与筷子文化
- 美食中国：八大菜系与文化内涵
- 中国酒道：酒历史酒文化的特色
- 酒香千年：酿酒遗址与传统名酒
- 茶道风雅：茶历史茶文化的特色

国风美术
- 丹青史话：绘画历史演变与内涵
- 国画风采：绘画方法体系与类别
- 独特画派：著名绘画流派与特色
- 国画瑰宝：传世名画的绝色魅力
- 国风长卷：传世名画的大美风采
- 艺术之根：民间剪纸与民间年画
- 影视鼻祖：民间皮影戏与木偶戏
- 国粹书法：书法历史与艺术内涵
- 翰墨飘影：著名书法名作与艺术
- 行书天下：著名行书精品与艺术

汉语之魂
- 汉语源流：汉字汉语与文章体类
- 文学经典：文学评论与作品选集
- 古老哲学：哲学流派与经典著作
- 史册汗青：历史典籍与文化内涵
- 统御之道：政论专著与文化内涵
- 兵家韬略：兵法谋略与文化内涵
- 文苑集成：古代文献与经典专著
- 经传宝典：古代经传与文化内涵
- 曲苑音坛：曲艺说唱项目与艺术
- 曲艺奇葩：曲艺伴奏项目与艺术

博大文学
- 神话魅力：神话传说与文化内涵
- 民间相传：民间传说与文化内涵
- 英雄赞歌：四大英雄史诗与内涵
- 灿烂散文：散文历史与艺术特色
- 诗的国度：诗的历史与艺术特色
- 词苑漫步：词的历史与艺术特色
- 散曲奇葩：散曲历史与艺术特色
- 小说源流：小说历史与艺术特色
- 小说经典：著名古典小说的魅力

中华精神家园书系

歌舞共娱
古乐流芳：古代音乐历史与文化
钧天广乐：古代十大名曲与内涵
八音古乐：古代乐器与演奏艺术
鸾歌凤舞：古代大曲历史与艺术
妙舞长空：舞蹈历史与文化内涵
体育古项：体育运动与古老项目
民俗娱乐：民俗运动与古老项目
刀光剑影：器械武术种类与文化
快乐游艺：古老游艺与文化内涵
开心棋牌：棋牌文化与古老项目

科技回眸
创始发明：四大发明与历史价值
科技首创：万物探索与发明发现
天文回望：天文历史与天文科技
万年历法：古代历法与岁时文化
地理探究：地学历史与地理科技
数学史鉴：数学历史与数学成就
物理源流：物理历史与物理科技
化学历程：化学历史与化学科技
农学春秋：农学历史与农业科技
生物寻古：生物历史与生物科技

文化标记
龙凤图腾：龙凤崇拜与舞龙舞狮
吉祥如意：吉祥物品与文化内涵
花中四君：梅兰竹菊与文化内涵
草木有情：草木美誉与文化象征
雕塑之韵：雕塑历史与艺术内涵
壁画遗韵：古代壁画与古墓丹青
雕刻精工：竹木骨牙角雕与工艺
百年老号：百年企业与文化传统
特色之乡：文化之乡与文化内涵

杰出人物
文韬武略：杰出帝王与励精图治
千古忠良：千古贤臣与爱国爱民
将帅传奇：将帅风云与文韬武略
思想宗师：先贤思想与智慧精华
科学鼻祖：科学精英与求索发现
发明巨匠：发明天工与创造英才
文坛泰斗：文学大家与传世经典
诗神巨星：天才诗人与妙笔华篇
画界巨擘：绘画名家与绝代精品
艺术大家：艺术大师与杰出之作

戏苑杂谈
梨园春秋：中国戏曲历史与文化
古戏经典：四大古典悲剧与喜剧
关东曲苑：东北戏曲种类与艺术
京津大戏：北京与天津戏曲艺术
燕赵戏苑：河北戏曲种类与艺术
三秦戏苑：陕西戏曲种类与艺术
齐鲁戏台：山东戏曲种类与艺术
中原曲苑：河南戏曲种类与艺术
江淮戏话：安徽戏曲种类与艺术

千秋教化
教育之本：历代官学与民风教化
文武科举：科举历史与选拔制度
教化于民：太学文化与私塾文化
官学盛况：国子监与学宫的教育
朗朗书院：书院文化与教育特色
君子之学：琴棋书画与六艺课目
启蒙经典：家教蒙学与文化内涵
文房四宝：纸笔墨砚及文化内涵
刻印时代：古籍历史与文化内涵
金石之光：篆刻艺术与印章碑石

悠久历史
古往今来：历代更替与王朝千秋
天下一统：历代统一与行动韬略
太平盛世：历代盛世与开明之治
变法图强：历代变法与图强革新
古代外交：历代外交与文化交流
选贤任能：历代官制与选拔制度
法治天下：历代法制与公正严明
古代税赋：历代赋税与劳役制度
三农史志：历代农业与土地制度
古代户籍：历代区划与户籍制度

信仰之光
儒学根源：儒学历史与文化内涵
文化主体：天人合一的思想内涵
处世之道：传统儒家的修行法宝
上善若水：道教历史与道教文化

梨园谱系
苏沪大戏：江苏上海戏曲与艺术
钱塘戏话：浙江戏曲种类与艺术
荆楚戏台：湖北戏曲种类与艺术
潇湘梨园：湖南戏曲种类与艺术
滇黔好戏：云南贵州戏曲与艺术
八桂梨园：广西戏曲种类与艺术
闽台戏苑：福建戏曲种类与艺术
粤琼戏话：广东戏曲种类与艺术
赣江好戏：江西戏曲种类与艺术

传统美德
君子之为：修身齐家治国平天下
刚健有为：自强不息与勇毅力行
仁爱孝悌：传统美德的集中体现
谦和好礼：为人处世的美好情操
诚信知报：质朴道德的重要表现
精忠报国：民族精神的巨大力量
克己奉公：强烈使命感和责任感
见利思义：崇高人格的光辉写照
勤俭廉政：民族的共同价值取向
笃实宽厚：宽厚品德的生活体现

历史长河
兵器阵法：历代军事与兵器阵法
战事演义：历代战争与著名战役
货币历程：历代货币与钱币形式
金融形态：历代金融与货币流通
交通巡礼：历代交通与水陆运输
商贸纵观：历代商业与市场经济
印纺工业：历代纺织与印染工艺
古老行业：三百六十行由来发展
养殖史话：古代畜牧与古代渔业
种植细说：古代栽培与古代园艺

强健之源
中国功夫：中华武术历史与文化
南拳北腿：武术种类与文化内涵
少林传奇：少林功夫历史与文化